民用核安全设备焊工焊接操作工理论知识考试培训手册

《民用核安全设备焊工焊接操作工理论知识考试培训手册》
编审委员会　编著

中国原子能出版社

图书在版编目（CIP）数据

民用核安全设备焊工焊接操作工理论知识考试培训手册 /
《民用核安全设备焊工焊接操作工理论知识考试培训手册》编
审委员会编著 . -- 北京 : 中国原子能出版社 , 2016.12（2024.7重印）
ISBN 978-7-5022-7796-3

Ⅰ. ①民… Ⅱ. ①民… Ⅲ. ①核电厂 – 机械设备 – 焊
接 – 技术培训 – 手册 Ⅳ. ① TM623.4-62
中国版本图书馆 CIP 数据核字 (2016) 第 320054 号

民用核安全设备焊工焊接操作工理论知识考试培训手册

出版发行　中国原子能出版社（北京市海淀区阜成路 43 号　100048）
责任编辑　付　凯
装帧设计　井晓明　崔　彤
责任校对　冯莲风
责任印制　赵　明
印　　刷　北京厚诚则铭印刷科技有限公司
经　　销　全国新华书店
开　　本　880 mm × 1230 mm　1/32
印　　张　6.375
字　　数　172 千字
版　　次　2016 年 12 月第 1 版　　2024 年 7 月第 2 次印刷
书　　号　ISBN 978-7-5022-7796-3　　　定　价　69.00 元

订购电话：010-88828678　

《民用核安全设备焊工焊接操作工理论知识考试培训手册》编审委员会

主　　编：郭承站

副 主 编：谭民强　马　桦

执行主编：黄炳臣

成　　员：赵国斌　吕高尚　胡安中　刘　红

　　　　　郝惠杰　张发云　贺振宇　赵立彬

序

随着核能开发和核技术利用事业的发展，核安全受到了党和国家的高度重视。核安全是国家安全的重要组成部分，是核事业发展的生命线已成社会广泛共识。要确保核安全，就要确保核设备的质量和可靠性，就要造就一支技术过硬、素质优良的民用核安全设备焊工（核焊工）队伍。

国家核安全局历来高度重视核焊工资格管理工作。多年来，以焊工资格许可为抓手，秉承“安全第一，质量第一”的根本方针，对弄虚作假和违规操作行为做到“零容忍”，发现一起，严肃处理一起。在核焊工聘用单位和考核中心的共同努力下，目前已形成了一支“综合素质较高、文化水平较高、技术能力较强、资格证书含金量较高”的核焊工队伍，获得了核设备制造单位、安装单位、核电营运单位的广泛认可。

但同时我们必须清醒地看到，核安全设备行业及特种工艺人员管理仍普遍存在着核安全文化水平不高、诚信守法意识不足、质量保证体系不健全等问题，“安全第一、质量第一”的根本方针和“四个凡事”的基本理念还没有内化于心、外化于行，致使有章不循、违规操作、弄虚作假等事件时有发生，给企业造成巨大经济损失，也给行业的发展带来负面影响，值得深刻反思并认真汲取经验教训。

2015年，国家核安全局在充分借鉴国际经验、全面总结我国30年核安全文化建设良好实践的基础上，会同国家能源局和国防科工局发布了《核安全文化政策声明》，与此同时，在全行业开展了为期一年的核安全文化宣贯推进专项行动。通过宣传核安全法律法规、剖析典型案例，使全体从业人员充分理解核安全文化的内涵，增强了忧患意识、责任意识、诚信意识、敬畏意识和守法意识，取得了实实在在的成果。

核安全文化建设永远在路上。为了巩固和深化核安全文化宣贯推进专项行动成果，我局组织编制了《民用核安全设备焊工焊接操作工理论知识考试培训手册》。手册第一部分是《核安全文化政策声明》原文；第二部分是《核安全文化特征》，进一步贯彻落实《核安全文化政策声明》，加深对核安全文化的理解；第三部分阐述了核安全文化的基本概念和基本要求，给出了践行核安全文化的方式方法；第四部分汇集了近年来核焊工违规操作的典型案例，系统分析了焊工应承担责任及纠正措施、经验教训等；第五部分是2015年版焊工理论知识考试题库，核安全文化相关内容首次被纳入其中，焊工理论考试平台成为了核安全文化宣贯的长久阵地。

希望本手册的出版，能够帮助焊工在掌握好焊接技术的同时，深刻理解核安全文化的基本要义，培养良好的作业习惯，进一步增强职业责任感、使命感和自豪感，为确保核设备质量，为我国核电安全高效发展和走出国门做出更大的贡献。

国家核安全局副局长 郭承站

前言

本手册是核安全文化宣贯推进专项行动在民用核安全设备焊工焊接操作工资格管理的具体落实，是对核安全文化宣贯推进专项行动的细化和深化。手册第一部分原文录入了《核安全文化政策声明》，旨在通过广泛宣传，将《核安全文化政策声明》的理念落实到每个焊工心里，并期望能够发芽开花结出硕果；第二部分摘录了《核安全文化特征》，进一步贯彻落实《核安全文化政策声明》，加深焊工对核安全文化的理解；第三部分形象生动地展现了核级焊工在具体实践过程中应该遵守的核安全文化要领，通过简单明了的文字标语，让每个焊工都明白：核安全文化就在身边，践行核安全文化，从小事做起，从自身做起；第四部分重点汇集了近年来核级焊工违规操作的典型案例，系统地分析了事件发生的原因、焊工在事件中的责任以及纠正措施，深刻地剖析了核级焊工核安全文化缺失的严重后果；第五部分为2015年新编的焊工理论考试题库，通过设置核安全文化在理论考试试卷中的题目比例，针对“焊接技术”和“核安全文化”，两手抓两手都要硬，利用焊工理论考试的平台建设一个核安全文化宣贯的长久阵地，进一步培养焊工对核安全的敬畏感和责任感。附录还列出了全国十五家焊工考核中心的基本信息和考核活动范围，以便焊工聘用单位开展焊工资格取证工作。

本手册编写过程中得到许多国内同行专家的指导和支持，谨此致谢。同时由于编者水平有限，不当之处请批评指正。

编写组

目录

核安全文化政策声明 01

核安全文化特征 07

《核安全文化》建设 27

民用核安全设备焊工违规操作典型案例汇编 57

民用核安全设备焊工焊接操作工理论知识考试题库 79

焊工考核中心基本信息及考核活动范围 178

核安全文化政策声明

核安全文化政策声明

核能与核技术利用是人类社会现代科技文明发展的成果，给人类带来福祉的同时也伴随着风险。核安全是核能与核技术利用事业发展的生命线，是国家安全的重要组成部分。中国始终坚持在确保安全的前提下发展核能与核技术。

为贯彻国家安全战略，落实“理性、协调、并进”的中国核安全观，履行国家核安全责任和国际核安全义务，大力培育和发展核安全文化以提升核安全水平，保障核能与核技术利用事业安全、健康、可持续发展，特发布核安全文化政策声明。

政策声明旨在阐明对核安全文化的基本态度，培育和实践核安全文化的原则要求。国家核安全监管部门和相关部门、各核能与核技术利用单位、工程和服务单位及利益相关单位应共同遵守和践行本政策声明中的态度、立场和原则，强化法治意识、责任意识、风险意识和诚信意识，营造重视核安全、守护核安全、珍惜核安全的文化氛围。

中国重视核安全文化建设，并在各个管理环节不断践行核安全文化的理念和原则，坚持以现行的国家核安全法规和最新核安全标准，以及国际最高安全要求对核能与核技术利用活动实施监管。面对当前中国核电发展不断加快与公众安全诉求不断增长的形势，中国将更加积极地倡导、培育和传播全社会核安全文化，持续提高核安全文化素养。

一、核安全与核安全文化

核安全是指对核设施、核活动、核材料和放射性物质采取必要和充分的监控、保护、预防和缓解等安全措施，防止由于任何技术原因、人为原因或自然灾害造成事故，并最大限度地减少事故情况下的放射性后果，从而保护工作人员、公众和环境免受不当的辐射危害。

核安全文化是指各有关组织和个人以“安全第一”为根本方针，以维护公众健康和环境安全为最终目标，达成共识并付诸实践的价值观、行为准则和特性的总和。

中国奉行“理性、协调、并进”的核安全观，其内涵核心为“四个并重”，即“发展和安全并重、权利和义务并重、自主和协作并重、治标和治本并重”，它是现阶段中国倡导的核安全文化的核心价值观，是国际社会和中国核安全发展经验的总结。

二、核安全文化的培育与实践

核安全文化需要内化于心，外化于形，让安全高于一切的核安全理念成为全社会的自觉行动；建立一套以安全和质量保证为核心的管理体系，健全规章制度并认真贯彻落实；加强队伍建设，完善人才培养和激励机制，形成安全意识良好、工作作风严谨、技术能力过硬的人才队伍。

（一）决策层的安全观和承诺。决策层要树立正确的核安全观念。在确立发展目标、制定发展规划、构建管理体系、建立监管机制、落实安全责任等决策过程中始终坚持“安全第一”的根本方针，并就确保安全目标做出承诺。

（二）管理层的态度和表率。管理层要以身作则，充分发挥表率和示范作用，提升管理层自身安全文化素养，建立并严格执行安全管理制度，落实安全责任，授予安全岗位足够的权力，给予安全措施充分的资源保障，以审慎保守的态度处理安全相关问题。

（三）全员的参与和责任意识。全员正确理解和认识各自的核安全责任，做出安全承诺，严格执行各项安全规定，形成人人都是安全的创造者和维护者的工作氛围。

（四）培育学习型组织。各组织要制定系统的学习计划，积极开展培训、评估和改进行动，激励学习、提升员工综合技能，形成继承发扬、持续完善、戒骄戒躁、不断创新、追求卓越、自我超越的学习气氛。

（五）构建全面有效的管理体系。政府应建立健全科学合理的管理体制和严格的监管机制；营运单位应建立科学合理的管理制度。确保在制定政策、设置机构、分配资源、制订计划、安排进度、控制成本等方面的任何考虑不能凌驾于安全之上。

（六）营造适宜的工作环境。设置适当的工作时间和劳动强度，提供便利的基础设施和硬件条件，建立公开公正的激励和员工晋升机制；加强沟通交流，客观公正地解决冲突矛盾，营造相互尊重、高度信任、团结协作的工作氛围。

（七）建立对安全问题的质疑、报告和经验反馈机制。倡导对安全问题严谨质疑的态度；建立机制鼓励全体员工自由报告安全相关问题并且保证不会受到歧视和报复；管理者应及时回应并合理解决员工报告的潜在问题和安全隐患；建立有效的经验反馈体系，结合案例教育，预防人因失误。

（八）创建和谐的公共关系。通过信息公开、公众参与、科普宣传等公众沟通形式，确保公众的知情权、参与权和监督权；决策层和管理层应以开放的心态多渠道倾听各种不同意见，并妥善对待和处理利益相关者的各项诉求。

三、核安全文化的持续推进

核安全文化的培育是一个长期过程，应持续不断推进。

从业人员要对自身严格要求，养成一丝不苟的良好工作习惯和质疑的工作态度，避免任何自满情绪，树立知责任、负责任的责任意识，形成学法、知法、守法的法治观念，持续提升个人的核安全文化素养。

核能与核技术利用单位要做出承诺，构建企业自身的核安全保障机构，将良好核安全文化融入生产和管理的各个环节，做到凡事有章可循，凡事有据可查，凡事有人负责，凡事有人监督；加大培育核安全文化的资源投入力度，定期对本单位的核安全文化培育状况、工作进展及安全绩效进行自评估，保证核安全文化建设在本单位得到有效落实。

核安全监管部门和政府相关部门要加强政策引导、制定鼓励核安全文化培育的相关政策，加大贯彻实施力度；继续秉持“独立、公开、法治、理性、有效”的监管理念和严慎细实的工作作风；坚持科学立法、依法行政，确保政府监管的独立、权威和有效。

推行同行评估，鼓励开展核安全文化培育和实践的第三方评估活动，学习借鉴成功经验，及时识别弱项和问题，积极纠正和改进。同时倡导提升核安全文化的良好实践，开展全行业核安全文化经验交流，推广良好实践案例和成功经验，让核安全文化成为所有从业人员的职业信仰。

核安全文化是核能与核技术利用实践经验的总结，是核安全大厦的基石，是社会先进文化的组成部分，必将随着核事业与核安全事业的不断发展进一步得到弘扬、创新和发展，为确保核安全，保障公众健康和环境安全发挥作用。

中国政府将继续深化与世界各国、国际组织在核能包括核安全领域的交流和合作，切实履行已签署的各项核能公约义务，践行核安全多边、双边承诺，与国际社会一道共同预防和化解核安全风险，为提升全球核安全水平作出积极贡献。

核安全文化特征

目　录

引言 11

1.决策层的安全观和承诺(A) 12

2.管理层的态度和表率(B) 13

3.全员的参与和责任意识(C) 15

4.培育学习型组织(D) 16

5.构建全面有效的管理体系(E) 18

6.营造适宜的工作环境(F) 20

7.建立对安全问题的质疑、报告和经验反馈机制(G) 21

8.创建和谐的公共关系(H) 24

引　言

我国十分重视核安全文化建设工作。2014年12月，国家核安全局、国家能源局和国防科工局联合发布《核安全文化政策声明》（以下简称《声明》），倡导培育和发展核安全文化，为开展核安全文化建设奠定了基础。进一步贯彻落实《声明》，加深对核安全文化的理解，开展核安全文化评估，促进核安全文化同核与辐射安全相关工作有机结合，成为持续推进核安全文化建设工作的必然要求。

《核安全文化特征》（以下简称《特征》）参考了国际核安全文化相关文件，体现监管部门所倡导的良好行为方式，是《声明》的细化支撑文件，是核安全文化评估活动的主要依据，也是行业核安全文化建设的工作指南。其中实践举例虽以核动力厂实践为基础编写，但具有普遍性，核设备、核技术利用以及核燃料循环领域可根据自身特点参照开展。

《特征》共包含八个部分，每部分分为三个层次。一是特征描述，摘录《声明》中每项特征原文；二是属性，逐条分解特征关注点或侧重点，每条属性均分为属性标题和属性描述两部分，各属性按顺序以AI、A2…H3、H4表示；三是良好实践举例，针对每条属性，结合国内外实践经验，以核动力厂核安全文化实践为主要内容，列举良好实践以供参考，便于加深对属性的理解。

1.决策层的安全观和承诺(A)

决策层要树立正确的核安全观念。在确立发展目标、制定发展规划、构建管理体系、建立监管机制、落实安全责任等决策过程中始终坚持“安全第一”的根本方针，并就确保安全目标做出承诺。

A1 安全承诺：决策层确保核安全高于一切。

良好实践举例：

(1)决策层在安全政策声明中承诺坚持“安全第一”的根本方针。

(2)决策层强化核安全至上的要求和意识，建立并保证核安全首要位置。尤其是当安全与成本、进度发生冲突时，明确将核安全作为第一考虑要素。

(3)决策层坚持对重大核安全问题一票否决的安全底线，建立了对违反安全行为零容忍的制度。

(4)决策层传达对核安全的期望，让员工认识到安全是生产活动中最优先的要素。

(5)决策层采用多种方式与员工积极沟通，强化安全是压倒一切的首要任务。

A2 决策行为：决策过程体现“安全第一”。

良好实践举例：

(1)决策层在制定发展战略和长远计划的过程中，体现了核安全的重要性。

(2)决策层在进行规划、部署和执行重大变化时，确保核安全得以维持。

(3)决策层“言行一致”始终重视核安全，尤其是在解决核安全和生产之间的矛盾时。

(4)决策层应强化要求，当安全运行裕量出现不可接受的降级或反应堆的状态不明确时，领导应采取保守决策，确保反应堆处于安全状态。

A3 责任落实：决策层明确岗位的职责和授权以确保核设施安全可靠地运行。

良好实践举例：

(1)决策层确保报告关系、资源控制和个人权力与其对核动力厂安全可靠运行所承担的责任相一致。

(2)决策层确保岗位的职责和授权得到清晰明确的界定、理解，并通过文件的形式予以明确。

(3)决策层确保核动力厂的领导都了解各自的职责和安全责任。

(4)决策层经常进行现场巡视，进行工作活动的观察、指导，强化核安全要求。

A4 资源保障：决策层确保组织内的管理体系有效运作。

良好实践举例：

(1)决策层为保证核动力厂短期和长期的安全可靠运行配备了充足的资源。

(2)决策层确保对有核安全影响的延期工作进行了严格的评估。

2.管理层的态度和表率(B)

管理层要以身作则，充分发挥表率和示范作用，提升管理层自身安全文化素养，建立并严格执行安全管理制度，落实安全责任，授予安全岗位足够的权力，给予安全措施充分的资源保障，以审慎保守的态度处理安全相关问题。

B1 表率作用：管理层在日常管理工作中以身作则，坚持“安全第一”的根本方针。

良好实践举例：

(1)当核安全和生产之间发生矛盾时，管理层处理矛盾时坚持“安全第一”的根本方针。

(2)管理层提升核安全文化素养，以高标准规范自身行为。

(3)管理层在制定目标，提出潜在问题，启动或终止突发事件预案等重要运行决策时要沟通交流。

(4)核安全问题发生时，管理层能够准确掌握问题发生情况，迅速响应，妥善解决问题。

(5)管理层鼓励员工阻止不安全行为，消除不安全状态，并支持员工基于安全考虑停止相关工作。

B2　安全责任：管理层应明确并落实安全责任，制定安全管理制度并严格执行。

良好实践举例：

(1)管理层在程序上明确各级人员的责任、角色与权力，并且确保这些内容被全体员工普遍理解。

(2)管理层落实在核安全决策中的个人责任制，确保相关人员切实担负起相应的责任。

(3)管理层严格执行安全管理制度，确保由关键安全岗位一线人员参与需要核安全决策的制定。

B3　资源分配：资源分配体现安全业绩的重要性，确保为安全防范和处置措施配备足够资源。

良好实践举例：

(1)管理层确保人员配置与保持安全可靠的相关需求一致。

(2)管理层确保在所有运行工况下都有足够的合格人员，并满足工作时间的要求。

(3)管理层采取措施确保设施的有效性和定期维护，包括设备有效性、模拟机逼真度和应急设备可用性等。

B4　常态检查：管理层应用各种监测工具确保核安全，包括持续审查核安全文化。

良好实践举例：

(1)管理层使用各种监测方式，包括员工调查、自我和独立评估、外部反馈等，定期监测核安全文化落实情况。

(2)管理层积极支持和参加对工作态度和核安全文化的评估活动，了解影响管理层信任以及有损核安全文化的因素，解决存在问题。

(3)管理层在现场及重要安全改进过程中通过聚焦问题、强化标准、指导问题改进和强化积极决策，以展示领导力。

(4)管理层与工作组或团队进行详细讨论，并对如何提高安全绩效提供有价值的反馈意见。

(5)管理层鼓励资深员工为安全行为和坚持高标准做出表率。

B5　保守决策：管理层进行决策时应采用审慎的态度，必要时寻求不同工作组和组织意见；管理层支持员工解决实际问题时采取基于安全的保守方案。

良好实践举例：

(1)管理层坚持审慎保守的态度解决安全问题，特别是在信息不完整或特殊情况下。

(2)管理层在决定解决突发事件时，考虑了事件的长期后果。

(3)管理层从安全角度出发，及时采取行动应对不利环境。

3.全员的参与和责任意识(C)

全员正确理解和认识各自的核安全责任，做出安全承诺，严格执行各项安全规定，形成人人都是安全的创造者和维护者的工作氛围。

C1　遵守法律法规和规章制度：员工理解遵守法律法规和规章制度的重要性。员工在工作中对违背法律法规和规章制度的行为和后果承担责任。

良好实践举例：

(1)员工充分关注核安全，并通过互助和讨论强化这种关注。

(2)员工有责任为遵守核安全法律法规和规章制度的行为做出表率。

(3)各级员工共同遵守法律法规和规章制度。

(4)员工主动听取有关遵守法律法规和规窜制度的意见，并以坦诚开放的态度对待所提意见。

(5)员工帮助承包商理解和实践法律法规和规章制度所提倡的确保核安全的行为和行动。

C2 遵守程序：员工遵循流程、程序和工作指令。

良好实践举例：

(1)员工遵循程序。

(2)在工作之前，员工审查程序和指令，以确认它们适用于工作，并且在工作实施前确保要求的变更已完成。

(3)员工操作设备前首先获得适当的授权，且在已批准的程序或工作指令的指引下进行。

(4)员工确保正确地记录了工作活动的状况。

C3 责任意识：员工主动并正确理解和认识各自的核安全责任，并在支持核安全的行为和工作实践中体现责任意识。

良好实践举例：

(1)员工理解自身营造专业环境、鼓励团队合作及识别核安全潜在风险的职责。

(2)员工理解自身有职责提出核安全问题，包括他人发现的问题。

(3)员工对所承担工作的准备和执行负责。

(4)员工积极参加工前会，清楚自己在开工前有提出核安全方面问题的职责。

(5)员工积极接受培训，并具备执行所承担工作的资格。

(6)员工理解工作的目的、他们在活动中的作用以及他们自身对整体目标所负的安全责任。

C4 团队合作：员工之间以及工作组之间，对于部门内和跨部门的各类活动进行沟通协调，确保核安全。

良好实践举例：

(1)在工作中，员工表现出强烈的协作和合作意识。

(2)开展团队合作，进行互查、认证和培训，细化安全措施，积极帮带新员工，并分享工具和资料。

(3)员工努力遵守承诺，建立团队内部的相互信任。

4.培育学习型组织(D)

各组织要制定系统的学习计划，积极开展培训、评估和改进行动，激励学习、提升员工综合技能，形成继承发扬、持续完善、戒骄戒躁、不断创新、追求卓越、自我超越的学习气氛。

D1　培训：制定系统的培训计划，全面提升员工的综合技能，系统地发展领导力，除了传授知识和技能外，注重法规标准、管理要求和核安全价值观的传播和宣贯。

良好实践举例：

(1)采用系统化培训方法，制定系统、有效的培训计划，确保培训对象的全员性和培训内容的全面性。

(2)员工和承包商工作人员都能得到充分的培训，以保证具备综合技术能力，并充分理解工作要求和相关法规标准。

(3)决策层和管理层的领导和管理技能得到系统化培养。

(4)决策层和管理层掌握单位所涉及领域的基本知识、组织职能和相互关系，为科学决策和实践奠定坚实基础。

(5)培训注重强化核安全价值观和安全管理期望。

(6)利用员工和各领域专家的信息和反馈，持续改进培训。

D2　评估和改进：定期开展自我评估，适当开展同行评估和第三方评估，并根据评估结果采取恰当的改进措施。

良好实践举例：

(1)全面、有效地开展自我评估、同行评估、第三方评估，包括核安全文化评估，为持续改进提供客观依据。

(2)重视评估中各方面人员（包括质量保证人员、评估人员、独立监督人员和普通员工等）提供的意见和建议，并给予反馈。

(3)定期开展自我评估，涵盖程序、实践、安全绩效、核安全文化和自我评估流程本身等一系列主题。

(4)确保自我评估工作小组包括组织内的员工和领导，必要时可以包括组织外部人员。

D3　对标：通过与其他单位的对标来激励学习，不断提高知识、技能水平和安全业绩。

良好实践举例：

(1)将对标作为激励学习和获得核安全改进新理念的途径。

(2)对标学习的对象既包含核行业其他单位，也包括非核单位。

(3)利用对标寻求并履行最佳的业务实践和标准，从而提高安全业绩。

(4)员工积极参与对标。

D4　学习氛围：努力营造继承发扬、持续完善、戒骄戒躁、不断创新、追求卓越、自我超越的学习氛围。

良好实践举例：

(1)管理层鼓励员工终身学习，对学习表现突出者给予奖励。

(2)管理层鼓励员工提出改进安全、提高绩效和改善管理等各方面建议，并给予适当奖励。

(3)除培训之外，制定其他有效的知识管理策略，继承和发扬现有知识和经验，例如有效使用经验反馈体系，挖掘典型事迹，树立先进榜样，促进员工间的相互学习等。

5.构建全面有效的管理体系(E)

营运单位应建立科学合理的管理制度。确保在制定政策、设置机构、分配资源、制订计划、安排进度、控制成本等方面的任何考虑不能凌驾于安全之上。

E1　组织机构：建立了责任清晰、分工明确的组织机构，以确保核安全。

良好实践举例：

(1)决策层和管理层明确地规定了各级员工的责任、角色和权利，确保岗位职责得到落实，不存在交叉或遗漏的地方。

(2)针对复杂多变的情况，营运单位建立了一个明确的决策程序并严格执行。

(3)营运单位建立了相关制度，并能确保影响核安全的重要决定都是由合适的人在适当的最低级别做出。

E2　资源管理：人员、设备、程序和其他资源的管理能够对核安全提供足够的支持。

良好实践举例：

(1)资源配备满足核动力厂的优先顺序。

(2)资源需求如人员、资金、设备和零部件、信息等得到及时识别，且纳入到核动力厂计划中并加以满足。

(3)文件、程序和工作资料包完整、准确、易读、易辨认、易获取，并确保为最新版本。

E3 过程控制：工作的策划、实施和审查过程体现了安全至上的原则。工作风险得到有效的识别和管理。

良好实践举例：

(1)工作得到有效的计划和执行，并且风险认知、工作现场条件以及与不同工作组或工作活动之间的协调均得到统一考虑。

(2)适当地确定了工作的优先级别，工作过程考虑了应急计划、补偿措施和中断准则。

(3)领导考虑工作范围变更的影响并能及时将工作状态通知员工。

(4)工作过程能确保员工了解核动力厂状态、现场工作相关的核安全风险以及其他并行实施的核动力厂活动。

(5)日常工作和变更程序考虑了概率风险评估的结果。

(6)协调工作活动，解决矛盾冲突，将核安全作为全部生产活动的重中之重。

(7) 工作过程应限制临时修改的情况发生。

E4 问题的识别和解决：对可能影响安全的问题及时识别，充分评估并及时解决和纠正。

良好实践举例：

(1)员工理解标准和偏差，熟悉相关纠正行动程序，能按照要求及时发现、记录和报告问题。

(2)管理层和员工根据问题的安全意义进行适当的分类、优先级划分和评估。

(3)管理层和员工及时开展根本原因分析，识别直接原因和根本原因，发现问题所在，确定与其安全重要性相匹配的措施，避免重复发生。

(4)持证单位对所发现的问题采取了及时有效的措施，纠正行动的延期得到有效控制。

(5)管理层和员工定期进行问题的趋势分析，并能从纠正行动和其他活动中获取提升安全的信息和经验。

6.营造适宜的工作环境(F)

设置适当的工作时间和劳动强度，提供便利的基础设施和硬件条件，建立公开公正的激励和员工晋升机制；加强沟通交流，客观公正地解决冲突矛盾，营造相互尊重、高度信任、团结协作的工作氛围。

F1　工作安排和设施保障：合理安排工作时间和劳动强度及基础设施和硬件条件，以保证工作效率和办公环境。

良好实践举例：

(1)　管理层合理规定员工工作时间，限制加班。

(2)　员工可以监督加班情况，并向管理者报告不合理的加班情况。

(3)　观察并及时总结员工绩效，合理编制倒班日程表。

(4)　管理层经过培训能够识别压力，并能说明员工或承包商可能存在严重压力的表现和过度劳累的情形。

(5)　管理层关注并检查员工的考勤情况，尤其是运行和维修人员。

(6)　管理层关注员工工作的物质环境，例如办公室、办公用品、餐厅、休息室、班车等是否便利，定期检查并及时做出改进。

F2　激励和晋升：建立体现“安全第一”的公开公正的激励和晋升机制，鼓励员工关心核安全。

良好实践举例：

(1)管理层按照公开公正的原则对员工的行为进行激励。

(2)管理层关注员工的绩效，分析绩效不达标的原因并进行改进。

(3)奖惩制度包括关注安全相关问题，并且员工了解这一点影响晋升。

F3　沟通交流：加强各级员工之间的沟通和交流，包括上级对下级、下级对上级以及平级之间，在各项工作中保持信息畅通。

良好实践举例：

(1)各级员工之间保持及时、充分的交流，及时掌握各项信息，确保信息通畅，保障核安全。

(2)管理层以公正、真诚的态度积极响应员工的问题。

(3)具备有效的媒介交流方式以保障员工和忤理者之间的信息交流，例如内部网、简报等。

F4　解决矛盾：遇到冲突矛盾时，要以客观、公正、专业的方式解决。

良好实践举例：

(1)员工相信矛盾能以尊重、客观和专业的方式及时得到解决。

(2)管理层、员工和承包商之间就曾经发生过的矛盾进行经验教训的总结。

F5　工作氛围：员工相互尊重，各级员工都能感受到彼此的高度信任，组织内各工作组团结协作，工作气氛整体融洽。

良好实践举例：

(1)来自不同部门的每个员工和不同级别的管理者都能够感觉到同等的尊重。

(2)管理层和员工能够感受或体会到相互信任。

(3)管理层在核动力厂内做出与员工建立相互信任的行为，得到下属的信赖。

(4)在运行或变更期间与相关人员保持沟通，使得整个核动力厂保持高度的相互信任。

(5)整体保持融洽的工作氛围。

7.建立对安全问题的质疑报告和经验反馈机制(G)

倡导对安全问题严谨质疑的态度；建立机制鼓励全体员工自由报告安全相关问题并且保证不会受到歧视和报复；管理者应及时回应并合理解决员工报告的潜在问题和安全隐患；建立有效的经验反馈体系，结合案例教育，预防人因失误。

G1　了解核能的特殊性：全员了解核能这种复杂的技术，会以不可预知的方式失效。

良好实践举例：

(1)即使在很有把握圆满完成任务的情况下，全员仍然避免自满，对人为错误、固有风险和潜在问题保持警觉。

(2)影响反应堆反应性的活动是在有专人监护且格外谨慎的情况下进行的。

(3)员工了解放射性产物、堆芯能量聚集和衰变热等核能特有的危害，并了解维持堆芯冷却、乏燃料冷却等专设安全设施功能的特殊重要性。

(4)决策层要求管理层充分了解并恰当处理降级状况，尤其是核安全设备质量降级的状况。

(5)管理层对各工况中出现的异常盘根问底，以了解可能造成的影响和后果。

G2　质疑不明情况和不当之处：员工面对不明情况时中断工作，发现不当之处时提出自己的观点。

良好实践举例：

(1)管理层强调下述期望：员工应一次把工作做好，当遇到不确定的情况时寻求指导，遇到非预期的状态时中断工作。

(2)员工将非预期的运行状态告知主控室。

(3)员工遇到非预期的异常状况中断工作，与上级领导沟通，待评估并控制风险后再继续工作。在适当的时候向系统专家和设备专家咨询。

(4)员工在工作文件表述不清或者无法按其操作的情况下中断工作，直到问题得到解决。

(5)员工认为某项决策没有充分考虑核安全或者有悖于核安全时，进行质疑。

(6)在评估核安全相关事项时，管理层鼓励和重视不同的意见，避免出现从众现象。

G3　注重安全的工作氛围：组织执行一种注重安全的政策，使得员工自由提出安全关注事项并且不用担心遭到歧视或者报复的权利和义务得到了有效维护。

良好实践举例：

(1)员工自由提出安全关注事项，并且不用担心遭到歧视或者报复。

(2)决策层提出并强调“建立和维护注重安全的工作氛围”的期望。

(3)政策或者工作程序强调员工提出安全关注事项的权利和义务，明确管理层营造“自由提出安全关注事项的工作氛围”的职责。

(4)员工接受相关培训以知晓：“歧视”和“报复”等妨碍提出安全关注事项的行为是违反政策且是不能被容忍的。

(5)对所有因提出安全关注事项而遭到的“歧视”和“报复”行为进行调查，并及时采取纠正行动。

(6)提出安全关注事项的渠道，运作简练且不受管理层级的限制。

G4　响应安全关注事项：迅速审查员工提出的安全关注事项，并给予及时的反馈。

良好实践举例：

(1)员工在提出安全关注事项之后，能够收到及时的反馈。

(2)员工对于自己提出的安全关注事项能够得到恰当的处理有信心。

(3)政策或者工作程序中明确，管理层应当尊重并及时回应提出安全关注事项的员工。

(4)管理层接受相关培训以按照工作程序接收员工提出的安全关注事项，并确保安全关注事项能够得到及时、恰当的处理。

(5)决策层和管理层强调“不轻易责罚”的氛围，鼓励自我报告。

(6)处理安全关注事项的人员具备相应的能力。

G5　经验反馈体系：对内部运行经验和外部运行经验进行及时、系统的收集和评估，并给予有效的落实。

良好实践举例：

(1)具备对内部运行经验和外部运行经验进行全面审查的专门程序。

(2)管理层通过改进程序、设备和培训大纲，有效地落实运行经验并将其制度化。

(3)决策层将运行经验反馈体系视为保持和改进运行安全的重要工具。

(4)员工在履行日常工作时使用运行经验，提醒自己“这里有可能发生类似的事件”。

(5)及时向员工和其他相关组织发布经验反馈信息。

G6　预防人因失误：及时并定期开展人因方面的教育活动，使员

工在执行工作时有效预防人因失误。

良好实践举例：

(1)决策层针对近期发生的重大人因事件，迅速开展教育活动，并以此为例不断强调和告诫。

(2)管理层从运行经验中选取人因事件，对员工定期开展教育活动，使员工了解与其自身工作相关的人因因素。

(3)决策层为人因实验室提供充足的资源。

(4)员工通过参加人因实验室的训练规范行为，并提高对人因失效征兆的识别能力。

(5)员工掌握预防人因失误的技能，并应用于实际工作中。

8.创建和谐的公共关系(H)

通过信息公开、公众参与、科普宣传等公众沟通形式，确保公众的知情权、参与权和监督权；决策层和管理层应以开放的心态多渠道倾听各种不同意见，并妥善对待和处理利益相关者的各项诉求。

H1 了解公众诉求：公众对核安全的诉求能够反馈到企业。

良好实践举例：

(1)决策层制定或批准了适用的舆情监测制度，明确了开展该项工作的部门和职责分工，掌握公众关心的问题。

(2)建立、维护并完善适用的渠道或平台，使得公众能够顺畅地反映诉求。

(3)组建了专职或兼职的舆情监测人才队伍，并不断提高自身能力。

H2 公众沟通：开展公众沟通工作，及时有效地回应公众诉求。良好实践举例：

(1)决策层根据国家的法律、法规以及管理部门的要求制定了企业级的公众沟通制度和方案等，并明确了公众沟通工作的执行部门和职责分工。

(2)管理层和相关员工根据职责要求，及时开展公众沟通工作。

(3)组建了专职或兼职的公众沟通人才队伍，并不断提高自身能力。

(4)充分运用各种传统的和新兴的工具开展工作。

(5)用于公众宣传的材料易于公众理解和接受，并能够及时更新。

(6)有专门的人员负责对外发布信息，且该人员接受了充分的培训。

(7)员工理解公众沟通的必要性和重要性，并且知道本厂与公众沟通的渠道和平台。

H3　公众沟通成果：在一定的时间跨度内，公众沟通工作取得了一定的效果。

良好实践举例：

(1)在公众反馈的问题和意见中，负面问题和意见的占比呈下降趋势。

(2)没有发生具有一定社会影响力的群体性事件或网络舆情事件。

H4 企业的社会责任：企业主动承担社会责任，做了更多造福厂址周边居民的事。

良好实践举例：

(1)决策层和管理层经常关心核动力厂厂址所在地的就业、基础设施建设等民生问题，关注当地居民除核问题之外的利益需求。

(2)决策层和管理层通过具体项目切实为解决关乎当地居民切身利益的问题做出了贡献。

《核安全文化》建设

核安全

核安全是指对核设施、核活动、核材料和放射性物质采取必要和充分的监控、保护、预防和缓解等安全措施，防止由于任何技术原因、人为原因或自然灾害造成事故发生，并最大限度地减少事故情况下的放射性后果，从而保护工作人员、公众和环境免受不当辐射危害。

核安全是核能与核技术利用事业发展的生命线，是国家安全的重要组成部分。中国始终坚持在确保安全的前提下发展核能与核技术。

触目惊心的核事故（一）

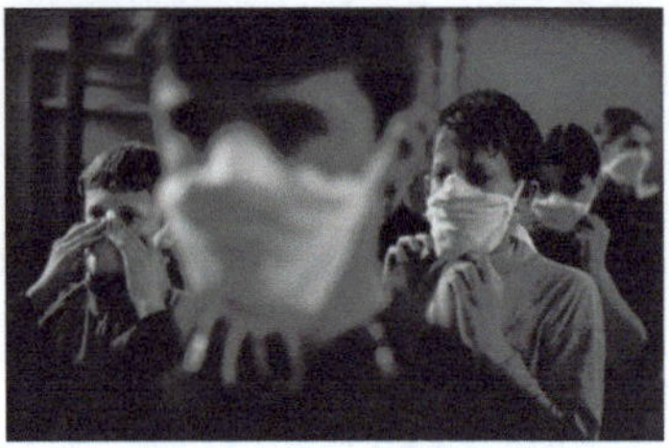

1979年3月28日，美国宾夕法尼亚州三哩岛核电站2号机组由于控制人员操作不当，部分堆芯熔化，机组永久关闭。事故发生后，全美震惊，各大城市的群众纷纷举行集会示威，要求停建或关闭核电站。这引发公众对核电的恐惧，对世界核电的发展带来了破坏性的影响。该事故级别被定义为国际核事件5级。

美国三哩岛核电站

触目惊心的核事故（二）

世界上最严重的核事故：
切尔诺贝利核电站事故

30 多位工作人员死亡！

30 多万人从电厂周围撤离！

300 多万人不同程度的受到核辐射的伤害！

1986年4月26日，苏联切尔诺贝利核电站4号机组反应堆发生猛烈爆炸，大量放射性物质向环境喷射，持续了整整10天，数以万计的民众无家可归，切尔诺贝利城因此被废弃，经济损失约两千亿美元。切尔诺贝利核事故被称作人类发展史上最严重的核电事故，该事故级别被定义为国际核事件7级。

前苏联切尔诺贝利核电站

触目惊心的核事故（三）

2011年3月11日，受地震影响，日本福岛核电站损毁极为严重，大量放射性物质泄漏，十几万人撤离家园，附近海域被严重污染，该事故级别被定义为国际核事件7级。尽管已经过去多年，但其带来的后果仍在发酵和持续。福岛核事故发生后，世界核电发展受阻，各国对核安全重新审视。

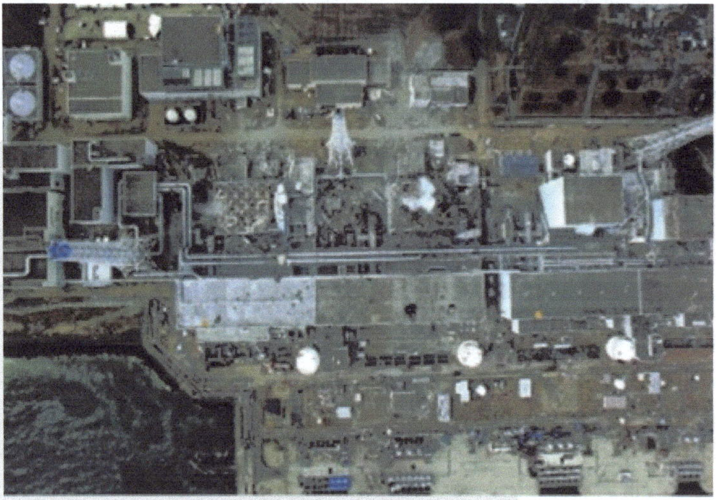

日本福岛核电站

日本福岛核事故
空气、水、土壤受污染情况

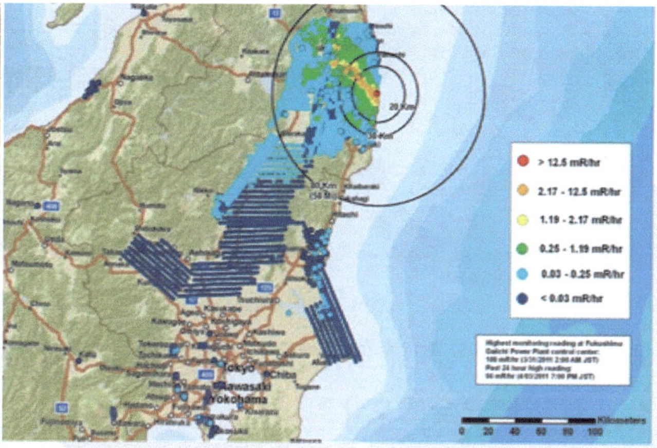

泄露的放射性物质随大气环流在北半球地区广泛扩散。美国、加拿大、冰岛、瑞典、英国、法国、俄罗斯、韩国、中国和菲律宾等国在空气中均检测到放射性碘–131、铯–137和铯–134等物质。

直接将8500 t高辐射水排向大海，同时，2号机组周围尚有20000 t高放射性污水，存在泄漏入海的风险。东北海岸外15 km的海域，放射性物质碘–131的含量超过国家限定基准11倍。受污染海域长达2000 km。

警戒区域以及计划性避难区域的土壤测量结果显示，共6个市町村34个测试点的污染浓度超过切尔诺贝利事故所规定的移居标准，福岛第一核电站泄漏事故造成的土地污染面积达800 km²，占日本京东都面积的4成。

核电是不同的　*Nuclear is different!*
核电是特殊的　*Nuclear is special!*
核电是无国界的　*Nuclear hasno boundaries!*

核安全文化

核安全文化是指各有关组织和个人以“安全第一”为根本方针，以维护公众健康和环境安全为最终目标，达成共识并付诸实践的价值观、行为准则和特性的总和。

坚持“安全第一、质量第一”，通过不断强化法治意识、责任意识、风险意识和诚信意识，营造敬畏核安全、守护核安全、珍惜核安全的文化氛围。

核安全文化，
建立一种核安全超乎一切之上的理念

核安全文化是“一个组织的价值观和行为准则——由组织领导者构建并由组织成员将其内在化——使得核安全能够压倒一切。”是核行业每一个从业人员的基本价值观。我们最终期待的结果是确保核安全得到了压倒一切的重视，高于进度，高于成本，高于收益。

严慎细实，核安全文化理念的基本要求

“严之又严，慎之又慎，细之又细，实之又实”的基本要求是核安全文化理念的重要组成部分。

严

严字当头
严字在先
严格要求
从严监管

慎

考虑要慎
决策要慎

细

考虑细心
办事细致
注重细节

实

脚踏实地
说实话
做实事
求实效

践行核安全文化
——领导的率先垂范和高度重视

践行对核安全的承诺

保守决策，决策首先考虑核安全。管理层“以行代言”管理层“以行代言”同样是核安全文化建设的重要组成部分，他们发布的政策、制度、程序和在各个场合言语固然重要，但更重要的是他们的“行为”。他们既要学习、领会更高层次的核安全文化行为要求，同时要将这些行为要求反映在自己身上，做好下属员工的表率。

思想觉悟和职业技能

思想：“安全第一，质量第一”是各项工作的指导方针，是核安全的基本立足点，管理层都应具有高度的安全自觉性，树立“核无小事”的安全观念，把安全放在一切任务之首。

技能：管理层应提供必要的人财物支持，为职工培养良好的职业技能提供坚实的保障。

践行核安全文化
——质疑的工作态度

在开始任何一项与核安全有关的工作之前，个人无论这项工作的内容熟悉与否，出于质疑的态度，应该对自己提出如下一些问题自问：

1）我了解要做的工作任务吗？

2）我清楚自己的责任吗？

3）其他人的职责是什么？

4）我具备完成这项任务的技能吗？

5）我是否需要别人的帮助？

6）工作过程中有什么特殊情况需要值得注意？

7）在工作过程中可能会出什么错？

8）怎么避免出错？

9）如果出现失误会造成什么后果？

10）万一出现失误，我该怎么办？

“八不做”

在日常工作当中，每位员工都应该有“八不做”的安全工作作风：

不熟悉不做、不安全不做、没把握不做、没安全设施不做、头脑不冷静不做、健康状况不好不做、违章指挥不做、违章作业不做。

践行核安全文化
——严谨的工作方法

工作中，一定要小心谨慎，勤于思考，三思而后行，这样才会少犯错误。不要急于求成，莽撞只能导致失败。每一颗螺钉都要亲自拧紧，每一个角落都要仔细盘查，防微杜渐。千里江堤，溃于蚁穴，员工必须明白“100–1=0”的寓意，任何一个小小的疏忽，任何对细节关注的不足不严谨，就算其他地方做得再漂亮，也可能导致安全事故，使得工作白费，终究等于0，并且还可能造成严重后果。

工作作风上，按如下十条要求：

1）看懂和理解工作程序；

2）按程序办事；

3）对意外情况保持警惕；

4）出现问题时停下来思考；

5）必要时请求别人帮助；

6）追求有序、按时、整洁和调理；

7）谨慎小心地工作；

8）不走捷径；

9）不贪图省事；

10）做好工作记录。

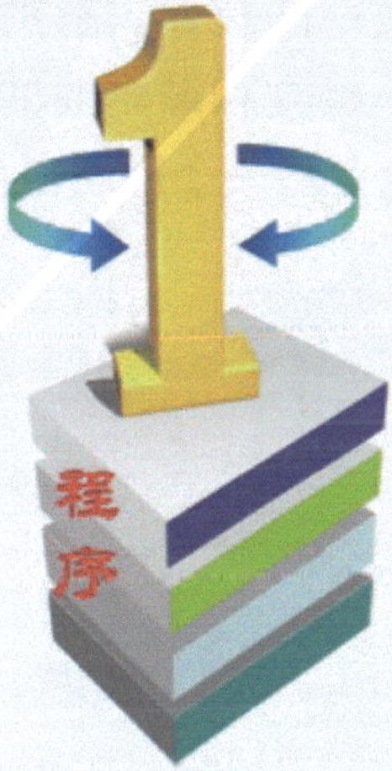

践行核安全文化
——相互沟通的工作习惯

沟通不应该局限在技术层面上的交流，而应是一种没有限制的心与心的交流。只要有利于工作的开展，我们就觉得这样的沟通是有益的。沟通可以使错综复杂变得条理简单，可以使山穷水尽变得柳暗花明，可以使一潭死水变得生机勃勃。

沟通的工作习惯有助于大家相互了解促进团结，有助于工作效率的提高，有助于团队目标的实现。同时，良好的沟通是建立和谐企业的捷径，是企业文化建立的无形平台，是企业从一个胜利走向下一个胜利的推进器。

每个员工应尽力做到：

1）从他人处获取有用信息；

2）向团队中的其他人传递有用的信息；

3）获得更多的合作；

4）报告工作情况；

5）积极提出改进建议。

沟通的工作习惯不仅是内部润滑剂，同样是外部黏合剂。这样不仅有利于业务的开展，还能凸显企业魅力。尤其是对于非核合作单位，我们应该有责任和义务让他们了解、熟悉、认可核安全文化。

践行核安全文化
——人人都是一道安全屏障

核电站建造阶段的任何一个环节都必须严格贯彻设计之初的安全目标。从材料到零件，从设备到系统，从安装到调试，核电行业在践行最苛刻的安全设计理念，最完备的质量体系要求，最严密的质量控制方式——然而这一切的一切，最终都要由人来完成，而人恰恰是最不可控制的因素。基于尊重每一个个体的理念，必须考虑到人会犯错误。然而，我们无法阻止和控制每一个错误，因为我们无法预知人犯错的具体信息：什么时候，在哪儿，为什么，犯什么错，如何犯错。而为了最大可能地降低由人所导致的风险，核电行业引入了“安全文化”的概念，透过每一个组织自身的文化，影响组织中个体的行为方式，从而让每一个人主动地朝着安全目标努力。员工应该树立“核电安全，人人有责”“人人都是一道安全屏障”的安全理念，并使这些理念深深根植于思想和行动中。

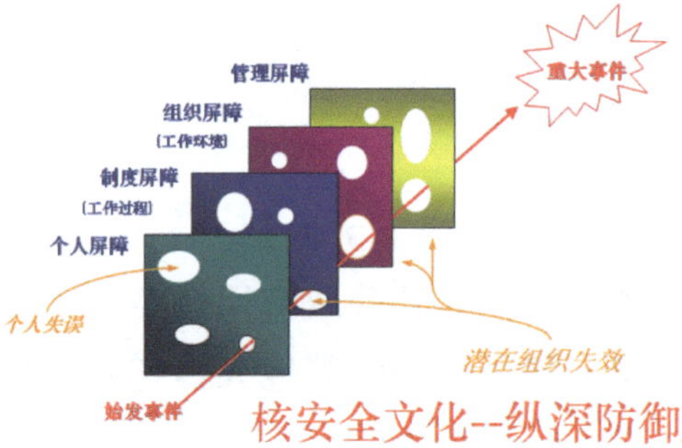

核安全文化--纵深防御屏障

机械加工质量“我”负责

物项开箱检查
质量“我”负责

焊接质量
“我”负责

践行核安全文化
——“明星自检”

核安全文化强调，不要忽视每一个人对核安全的作用。据统计，人因失误占核电厂运行事故的70%左右，人员行为对核电安全的贡献非常重要。为了有效地控制人因失误的概率，避免或减小事故，推行了“明星（STAR）自检”方法，即：

遇到问题（异常）时:

停下来（Stop—S）;

想一想（Think—T）;

再行动（Action—A）;

完成工作后，进行检查（Review—R）。

“停”的过程中，我们应该明确工作项的目的是什么、它有什么潜在风险、以前有没有相关经验等。“想”是“停”的进一步思考，要明确工作项的关键步骤，要对结果有所预期，要有最坏结果出现时的缓解措施。有了这些准备之后，再开始“做”，必要时还可以先制定相关的操作程序，或者进行演练。当工作项完成之后，就要回顾一下整个作业流程，做好“查”的工作。结果是否与初衷相符，过程是否有改进的地方，这些最好能形成相关的报告。

明星自检不但能规范执行程序，有效地减少不必要的人因失误，还可以改进员工习惯性的不良工作习惯和工作方法，杜绝“想当然”意识的产生。

践行核安全文化

——“一次做对”

一次核事故的发生，就会牵连到全国甚至全世界的核电发展。所以，“一次做对”在核安全文化当中有着特殊的意义。核电事业要健康顺利发展，必须做到“一次做对”。

员工应该将“工作零失误，设备零缺陷，安全零事故”作为自己工作中的追求。当然“一次做对”并不是一句口号，而是要落实到工作中的每一个动作上。“一次做对”表面上是“做”，内在却是“思”。我们在接受任务时，要对任务要有足够的分析和把控，要对自己的能力有正确的评估，要制订出详细的工作计划，确保流程中的每一步都是可控的。要实现“一次做对”，不仅需要个人内因的作用，同样需要外部土壤，也就是对企业的要求。企业要创造人人一次做对的条件，要贯通人人一次做对的标准，要优化人人一次做对的流程，要识别人人一次做对的差异，要培训人人一次做对的本领，要创建人人一次做对的团队。

“一次做对”不但有利于提高核电的安全性，同时也避免了重复消耗造成的浪费，无形中降低了成本，有利于提高核电的经济性。

践行核安全文化
——持续改进

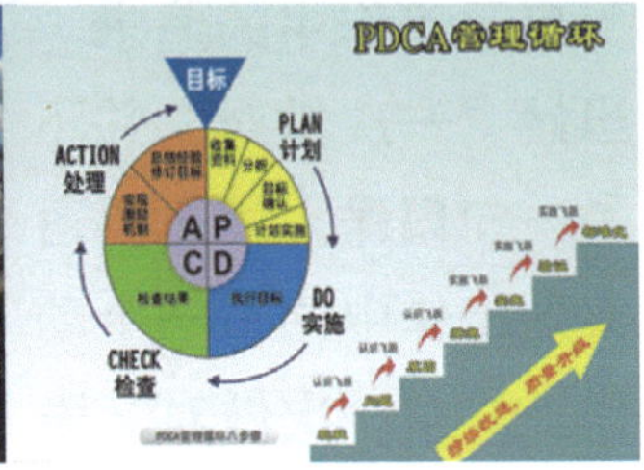

核安全指标在不断地向前改进， 追求高标准、追求卓越是核安全文化的必然结果，在工作中必须保持“持续改进”的安全理念，它是一个动态发展的过程，并不因为某项工作的完成而终止，而是永无止尽的优化过程。持续改进属于核安全发展的高级阶段，自觉而不间断地改善安全绩效。公司不断采取各种措施，主动改进人的行为，提高员工的安全素养，并以此来不停顿地改善和提高单位的安全绩效。

我们每个人不仅要实现自我超越，而且要兑现核安全的承诺，让核安全从一个成功走向下一个成功。这就是核安全文化持续改进的动力。

践行核安全文化
——“四个凡事”

管理上做到“四个凡事”：凡事有章可循，凡事有据可查，凡事有人负责，凡事有人监督。

践行核安全文化
——“坦诚透明的团队文化”

坦诚透明是指对待所有的核安全、质量相关问题必须保持高度的坦诚透明，要保证事件的可追溯性和真实性。坦诚透明是实现核安全的重要保障，是核安全文化的重要组成部分。

员工的坦诚是发现问题、解决问题的重要途径。在日常工作中，每一位员工都应该具有阳光的心态，在发现工作中的不完善之处时，能够通过“状态报告”形式及时提出。状态报告没有门槛，只要在工作中发现的问题，如未遂事件、安全隐患及管理上的薄弱环节等问题，均可提出。

轻松愉快气氛下的班组交流

戴好安全帽　　整理工作服　　喊口号　　相互鼓励加油

团队交流

要想员工坦诚相见，没有透明管理的土壤是行不通的，反而有可能产生适得其反的效果，变成了大家相互攻击，引起严重的管理危机，甚至是核安全危机。所以，透明的管理是员工坦诚的前提。透明管理包括政策透明、决策透明和事件报告透明等。当事件发生时，必须做到及时发现、准确定性、层层报告、快速处理、认真跟踪、准时反馈。当员工造成过失时，要有相应的鼓励机制鼓励员工主动承认自己的问题。对主动发现、报告问题的员工应该提出表扬或奖励。责任者主动报告过失应减免其处罚，避免因怕处罚而掩盖问题或私自处理问题，以便最大限度地减少差错，避免重蹈覆辙。

坦诚透明需要公司领导干部和员工不断改善心智模式。一方面，员工要做到学会有效地表达自己对改进工作的设想，勤于思考、勇于发言，同时还必须学会开放心灵，勇于承认自己的失误，容纳别人的不同意见和建议；另一方面，管理者要制定相关制度，使员工有坦诚交流的机会，还要放低姿态，能够与员工打成一片，营造浓厚的坦诚透明氛围。只有这样，才能促进核安全文化不断地改进。

践行核安全文化
——推崇有组织的学习

单位对于安全的重视，细分开来，就是每个人都能够在工作中，首要考虑核安全，并且真正理解了核安全的意义。考虑了但理解错误，是很可怕的，那会导致我们很可能走向另一个方向。因此有组织的学习十分必要，以帮助员工建立健康的思维，学习成熟的经验，更加得心应手的应对不同的情况。

多方位、多形式地结合各类宣传媒介营造良好的核安全文化氛围

核安全，核电发展的生命线！
需要我们共同守护！

民用核安全设备焊工
违规操作典型案例汇编

案例1：

关于某公司焊工违规补焊的典型案例

一、事件描述

某核电厂2号机组反应堆压力容器共6个接管，进、出口接管与安全端焊缝各2条（编号分别为B7、B8、B5、B6），安注接管与安全端焊缝2条（编号为B9、B10）。2000年1月11日～2月18日，该公司完成对进出口接管安全端焊缝（B5、B6、B7、B8）的焊接。出于进度考虑，接管安全端全部焊完后，一起进行无损检验。2月21日，进出口接管安全端焊缝射线检验，除B6外，其余三条焊缝均不合格，存在整圈的缺陷显示。3月2日至7日，安注接管安全端焊缝B9、B10的焊接完成，射线检验均为不合格，存在与进出口接管安全端焊缝相同的缺陷显示。

在未对上述5条缺陷焊缝开启不符合项报告且未确定缺陷性质及成因的情况下，该公司对B9、B10焊缝缺陷部位进行了违规机加并返修，返修焊缝无损检验仍不合格。经设计方分析，B9、B10焊缝的违规补焊违背了RCCM标准，且由于工艺准备不足返修失败，导致后续返修面临较大挑战。B5、B7、B8焊缝虽然在后续过程中补充启动了不符合项流程，但经多次挖除缺陷，环焊缝内、外表面均形成整圈的补焊坡口，坡口角度大于产品焊缝，并且缺陷尚未彻底清除。另外，由于标识转移错误，拟对B5焊缝进行的违规挖除缺陷工作被错误地执行在B6焊缝上，该公司在未通知业主方、设计方等相关单位的前提下，对B6挖补区域进行了私自返修，返修位置位于镍基预堆边与母材的融合线附近。

B6焊缝违规补焊事件被监造发现后，该公司拒不承认，并为事件调查工作设置了重重障碍。直至国家核安全局主持调查工作时，才端正态度，但在提供相关文件和资料时，仍未完全反映事实真相。

基于上述违规事实及该质量事件为电厂运行带来的严重影响，国家核安全局于2000年4月14日责令该公司停工整顿。经三次专家会、两个月的整改后，该公司才重启该反应堆压力容器安全端焊缝的返修工作。另外，该事件也是国家核安全局于2003年吊销该公司许可证的主要原因。

二、焊工在本事件中的错误行为

（一）焊工在施焊前未自我评价是否具有完成该项工作的足够操作技能，对压力容器接管与安全端的镍基合金自动脉冲氩弧焊技术没有全面掌握，施焊前技能练习不够。

（二）焊工在施焊过程中不够认真、严谨，盲目自信，以至于在焊接工艺评定通过的情况下，在压力容器的接管焊缝中多次和连续出现由于焊接工艺不当引起的有规律性的焊缝缺陷，反映了对缺陷产生的原因未进行深入的分析，工艺准备不充分。

（三）焊工在返修施焊过程中未认真核对焊缝标识等相关信息，没有发挥“人人都是一道安全屏障”的作用，导致B5焊缝进行的违规挖除缺陷工作被错误地执行在B6焊缝上。

三、焊工在本次事件中应汲取的教训

（一）焊工应具有质疑的工作态度，在施焊前应对自己提出如下问题自问：我了解要做的工作任务吗？我清楚自己的责任吗？我具备完成这项任务的技能吗？工作过程中有什么特殊情况需要值得注意？在工作过程中可能会出什么错？怎么避免出错等等？本事件汇总焊工在施焊前应首先检查自己对该焊接方法的掌握程度。如果操作技能水平不高，应首先进行必要的练习，熟悉焊接工艺，不能盲目自信、在未完全掌握焊接技能前就进行正式焊缝的焊接。

（二）焊工应具有严谨的工作作风，具体要做到“八不做”：不熟悉不做、不安全不做、没把握不做、没安全设施不做、头脑不冷静不做、健康状况不好不做、违章指挥不做、违章作业不做。本事件中焊工在施焊前，应对前序工作进行必要的检查，内容应包括标识的转移情况、坡口准备情况、施焊焊缝的位置等，对于缺少焊接工艺的情形应予拒绝施焊；对于违反核安全基本要求的不正当指令应不予执行，　并及时报告上级部门。

（三）焊工应将“一次做对”作为自己工作的追求目标，落实到工作中的每一个动作上。本事件中由于焊工没有做到“一次做对”，导致返修、违规补焊等大量后续工作，不但造成了巨大浪费，无形中提高了生产成本，而且降低了核安全设备的质量，增加了核电厂安全风险。

思考题：该公司焊工在压力容器接管安全端焊缝的补焊过程中，有哪些不对的地方，请指出。并说明正确的做法。

参考答案：

（一）该公司焊工在压力容器接管安全端焊缝的补焊过程中，有以下不对的地方：

（1）在施焊前未自我检查是否具有足够的操作技能，对压力容器接管与安全端的镍基合金自动脉冲氩弧焊技术没有全面掌握，施焊前练习不充分；

（2）在施焊过程中不够认真、严谨，盲目自信，以至于在焊接工艺评定通过的情况下，在压力容器的接管焊缝中多次和连续出现由于焊接工艺不当引起的有规律性的焊缝缺陷，工艺准备不足。

（二）焊工应当按照以下要求进行补焊：

（1）补焊前应首先检查自己对补焊所采用的焊接方法的掌握程度。如果操作技能水平不高，应首先进行必要的练习，在未完全掌握焊接技能前就进行正式焊缝的焊接；

（2）补焊前应有补焊工艺，并经过编审批，没有工艺文件不进行焊接；

（3）焊工在补焊前应该核对焊工资格、焊缝标识、焊材牌号、焊接设备、焊接工艺参数等必要的信息；

（4）焊工补焊完成后，应当对焊后的焊缝进行自我检查，如焊缝的表面成形状态、缺陷的情况，如有焊接不良情形出现，应及时进行总结、汇报。

案例2：

关于某公司焊工违规补焊安全端焊缝的典型案例

一、事件描述

2013年5月31日晚6点至6月1日凌晨3点，某公司无损检验人员对某项目2号机组RPV接管安全端焊缝及相关区域进行了渗透检验（PT），发现6个接管安全端焊缝（G1、G3、G4、H1、H2、H3）存在缺陷显示。无损检验人员请示带班班组长后，决定先对显示做出标识，待次日书面记录后再向部门领导汇报。无损检验人员同时将显示情况告知当班助理工段长，口头要求助理工段长进行抛磨，并记录在交接班记录中。随后无损检验人员离开现场。

助理工段长在未办理正常手续的情况下，当晚即要求打磨工和焊工对显示区域进行违规打磨和补焊。打磨工使用风磨笔对显示区域实施了打磨，焊工在不清楚工艺要求的情况下私自从焊材库拿取了5根308 L不锈钢焊丝，对打磨区域实施了补焊，打磨工对补焊区域进行了焊后打磨。打磨和补焊未留下任何记录。

6月1日上午，助理工段长将RPV接管安全端存在的PT显示及其私自安排人员进行打磨和补焊的情况向核岛工段长进行了汇报，工段长随即向生产制造部、项目经理以及质量检验部汇报了接管安全端焊缝存在PT显示的情况，但未汇报助理工段长私自安排打磨及补焊的情况。

6月1日下午，无损检验人员向质量检验部领导汇报了接管安全端焊缝PT发现显示，但未说明显示数量等具体情况，质量检验部领导要求进行复核并等待处理。6月2日，无损检验人员再次前往现场核实记录显示，以便出具检验报告，但到达现场后发现原标记已消失，无损检验人员并未对此提出质疑，而是直接重新进行了PT。第二次检验结果与之前的显示情况不一致，但无损检验人员同样未对此结果差异提出质疑。

无损检验人员和监造人员进行再次PT确认后，于6月6日对存在缺陷的接管安全端焊缝出具PT报告，并开启不符合项报告。

在不符合项处理过程中，为进行原因分析，该公司会同监造人员对全部8个接管安全端焊缝进行了酸洗，发现共有6个（G1、G3、G4、H1、H2、H3）接管安全端焊缝存在打磨和补焊痕迹，共99处，范围涉及安全端焊缝、安全端母材、接管内壁堆焊层。6月20日，该公司通过对相关人员进行调查和取证，确定了违规补焊的事实，并向国家核安全局进行了报告。

二、焊工在本事件中的错误行为

（一）焊工缺乏核安全文化意识，未坚持原则。在明知助理工段长的要求不合理的情况下，缺少质疑的工作态度，盲目地执行工作指令，实施补焊，直接导致了本事件的发生。

（二）焊工在未见到补焊工艺和质量计划情况下，实施补焊，且补焊后未形成任何焊接记录，违反了工艺过程质量控制的要求。

（三）在没有领料单且焊材保管员不在岗的情况下，出入焊材库，随意拿取和送回焊丝，违反了焊材管理规定。

三、焊工在本次事件中应汲取的教训

（一）焊工应加强核安全文化学习，对于上级领导不合理、不合法的违规指令应敢于说不，对出现的违规行为应勇于举报。在日常工作中，应对自身严格要求，树立知责任、负责任的责任意识，形成学法、知法、守法的法治观念，持续提升个人的核安全文化素养。

（二）焊工在日常工作中，必须坚持“四个凡事”的原则。在本次事件中，焊工在没有有效补焊工艺规程的情况下，违规实施补焊工作且未形成任何焊接记录；缺少焊材领料单就直接进入焊材库取走焊材，违反焊材管理规定，使其工作无法做到“凡事有章可循”“凡事有据可查”“凡事有人负责”“凡事有人监督”的要求。

思考题：该公司压力容器接管安全端焊缝出现PT显示后，焊工在公司领导违规指令下进行了补焊，最终被国家核安全局发现并进行了处理，请问在此违规行为中，焊工应当怎么做才能避免违规补焊。

参考答案：

（一）焊工必须有自己的核安全文化素养，对于上级领导不合理、不合法的违规指令应敢于说不，对出现的违规行为应勇于举报。

（二）在日常工作中，应对自身严格要求，树立知责任、负责任的责任意识，形成学法、知法、守法的法治观念，持续提升个人的核安全文化素养。

（三）焊工应养成按程序作业的职业素养，没有编审批的补焊工艺规程不得施焊；没有焊材领料单就不能领取焊材，做任何事情都应遵守“凡事有章可循”“凡事有据可查”“凡事有人负责”“凡事有人监督”的四个凡事原则。

案例3：

关于某公司焊工凭经验施焊定位焊缝焊错位置的典型案例

一、事件描述

2013年12月5日，华北监督站监督员对某公司核设备制造车间巡检时发现，有两个筒节对接并直立在现场，表面有预热痕迹，进一步检查发现筒体外壁坡口内已有6条大约长500~600 mm定位焊缝，周边无任何该工件所属项目及所处状态的标识，工作台也无相关文件可查。监督员随即向质保及巡检人员了解情况，结合现场实际查看和情况调查得知，此工件为某项目4号机组2号SG上筒节和管嘴筒节，目前处于组对后的定位焊工序。根据图纸要求应该从内壁凸台处焊接12条定位角焊缝，而实际焊工从筒体外壁坡口部位进行了该工序，违反了图纸要求。

二、焊工在本事件中的错误行为

在本事件中焊工应承担以下责任：

（一）焊工在焊接工艺人员未对此焊缝进行技术交底的情况下，未认真研读有关图纸的特殊要求，仅凭经验进行了定位焊，未能准确理解有关焊接方面的技术要求；

（二）焊工在施焊前对现场工艺文件的实用性与实际进行复核，也没有核对流程卡的相关信息，仅依据焊接接头示意图就进行了焊接，焊接准备工作不足。

三、焊工在本次事件中应汲取的教训

（一）焊工应培养严谨的工作作风，要做到：看懂和理解工作程序；按程序办事；对意外情况保持警惕；出现问题时停下来思考；必要时请求别人帮助；追求有序、按时、整洁和条理；谨慎小心地工作；不走捷径；不贪图省事；做好工作记录。本事件中焊工应在焊接工作前，认真理解焊接工艺文件的要求，同时应结合设备制造图纸、工艺流转卡的规定进行施焊，发现工艺文件与图纸不符合时，应及时通知工艺人员，确认后方可施焊。绝对不能凭工作经验施焊，否则可能会给后续工作带来困难。

（二）焊工在焊接工工作中，一定要小心谨慎，勤于思考，三思而后行，即使对于不重要的焊缝也要如此，这样才会少犯错误，不能急于求成，莽撞只会导致失败。本事件中焊工应依据工作程序的要求进行焊接工作，对于需要交底的焊接工作，在没有接受交底的情况下，不得盲目开展下一步工作。

思考题：该案例中，焊工凭经验进行了施焊，造成定位焊缝被磨掉重新定位的不符合项，请问本案例反映了该公司在焊工管理中的哪些漏洞？焊工在定位焊时应当怎么做才能避免出错？

参考答案：

（一）该公司在焊工管理中出现了以下漏洞：

（1）日常工作中对焊工的培训不够，未能使焊工养成施焊前学习图纸、工艺文件的良好习惯；

（2）焊接工艺文件的编制质量不高，忽视了定位焊缝的焊接工艺；

（3）认为定位焊缝在正式焊之前会去除，因此，不重视定位焊缝的焊接；

（4）焊前不对焊工进行技术和安全交底，间接造成误操作。

（二）焊工在定位焊时，应当按以下步骤进行准备：

（1）熟悉工艺文件和产品图纸，若工艺文件中没有定位焊的规定，应及时与技术人员联系，明确焊接技术要求；

（2）积极参加公司组织的工艺和安全技术交底；

（3）定位焊接前，应认真核对标识，检查施焊部位，与实物相符后方可施焊；

（4）认真核对焊工资质，定位焊缝也应当在焊工合格项目代号的适用范围内，并在有效期内；

（5）定位焊时，应严格按照工艺文件中的工艺参数进行施焊，不得超出范围施焊；

（6）定位焊完成后，应对需熔入最终焊缝的定位焊缝进行仔细检查，清除表面的裂纹、气孔等缺陷后，方可继续焊接正式焊缝。

案例4：

关于焊工违反焊接工艺导致主泵叶片热裂纹的典型案例

一、事件描述

2007年12月，某核电厂1号机组处于维修冷停堆，所有燃料组件已卸到乏燃料水池内，根据大修计划在低水位窗口抽出主泵可取出部件进行检查。抽出1号机组4号主泵可取出部件后检查发现工作叶轮4号叶片入口边有一处缺失，缺失部分尺寸约220 mm×125 mm。为排除共模故障，对4台主泵叶轮叶片全部进行了检查，共有3处缺陷，且均在1号机组4号主泵叶轮上。

从启停次数、运行时间、工况、振动水平等运行条件上看，4台主泵叶轮无明显差异。对1号机组4号主泵叶轮上的三条裂纹进行解剖分析的结果表明，3条裂纹都是在工厂焊接热裂纹的基础上形成的疲劳扩展裂纹。经断口和金相分析，疲劳裂纹所起源的热裂纹位于焊缝的亚表面（距离表面约200 μm）。热裂纹长度大约为500~600 μm，疲劳扩展走向为：从启裂源处沿焊缝长度和焊缝厚度方向（从叶片的迎水面向背水面）扩展。

对缺陷附近焊缝金相组织检查结果分析表明，焊接时存在焊接电流过大、层间温度过高等违反焊接工艺的现象。该核电厂对叶轮制造厂LMZ随箱资料进行了核查，发现4号主泵叶轮的质量计划中，第10步工序“组装和焊接准备”到第12步工序“焊接、焊接控制”的签点是在3天时间内完成的，这在不违反焊接工艺的情况下，技术上是不可实现的；由此可知1号机组4号主泵叶轮焊缝在制造厂焊接过程中违反了焊接工艺，产生了焊接热裂纹。在主泵运行的循环载荷作用下热裂纹疲劳扩展，最终导致结构失效。

二、焊工在本次事件中的错误行为

从以上分析可以看出来，焊工在本次事件中没有严格按照焊接工艺文件的要求施焊，盲目追求制造进度，采用大电流、高焊接速度、高热输入，造成了焊接热裂纹，因此需承担主要责任。

三、焊工在本次事件中应汲取的教训

（一）在本次事件中，焊工违反焊接工艺是导致叶轮破损的直接原因。因此，焊工应严格按照工艺文件的要求施焊，严格遵守焊接工艺纪律，不得贪图焊接速度快而导致质量问题发生。

（二）焊工要养成良好的工作习惯，树立“一次做对”的安全理念，就是用正确的方法第一次将事情做对。焊工应该将“工作零失误，设备零缺陷，安全零事故”作为自己工作中的追求。在接受任务时，要对任务要有足够的分析和把控，要对自己的能力有正确的评估，要制订出详细的工作计划，确保流程中的每一步都是可控的。

思考题1：在本案例中，焊工不按焊接工艺进行了施焊，造成了焊接热裂纹，直接导致了叶轮破损，此案例中的焊工违反了哪些核安全文化的相关要求？

参考答案：

（一）违反了核安全文化中“安全第一、质量第一”的基本要求，焊工在实施焊接工作前，不论焊缝的核安全级别，都应该重视最终的焊接质量。

（二）违反了“四个凡事”的要求。核安全文化中要求“凡事有章可循、凡事有据可查、凡事有人负责、凡事有人监督”，而本案例中的焊工明显是有章不循。

思考题2：在本案例中，焊工应该如何做，才能避免此类错误，从而避免更严重后果的发生。

参考答案：

（一）焊工在日常工作中，应该树立“核电安全，人人有责”“人人都是一道安全屏障”的安全理念，并使这些理念深深根植于思想和行动中，在日常工作中不轻视任何一道焊缝。

（二）焊工要养成良好的沟通习惯，在工作之前应与焊接技术人员进行充分的沟通，内容应该包括焊接方法、焊接工艺参数、焊接位置、

焊接尺寸等一些具体要求。并且，沟通的工作习惯有助于大家相互了解促进团结，有助于工作效率的提高，有助于团队目标的实现。

（三）焊工应该在焊接工作开始前，认真学习焊接工艺文件的要求，同时应该结合设备制造图纸的规定进行施焊，对于工艺文件与图纸的不符合，应及时通知工艺人员，确认后方可施焊，决不能凭经验进行施焊。

案例5：

关于某公司焊工反应堆压力容器焊材用错的典型案例

一、事件描述

2014年4月13日凌晨3点半左右，某公司三班焊工焊接反应堆压力容器过渡环与下底圆环焊缝不锈钢堆焊308 L层时，因剩余焊材不足去领取焊带和焊剂。308 L焊带单盘重量约55千克，当班焊材管理员（女）请焊工进入焊材烘焙库协助搬取焊带。焊工进入焊材烘焙库后，按焊材管理员指明位置搬取两卷焊带，同时焊材管理员前往烘焙区拿取焊剂。随后，焊材管理员口头询问焊工所搬取的焊带是否为308 L，焊工口头确认，两人未再查看焊材实物标识。焊工回到工位后，将焊带安装至焊机上，未按程序在焊接工作开始前核对焊带标识。至4月13日8点左右，共焊完两道焊缝，使用完一卷焊带，剩余一卷。

4月13日上午，白班焊工准备继续堆焊第二层308 L时发现，焊机上剩余焊带标识为309 L，同时基座上摆放的整卷焊带标识也为309 L。白班焊工前往焊材烘焙库了解上一班焊材发放情况，记录表明所发放焊材为308 L。白班焊工立即打电话询问三班焊工并告知焊材使用错误，并前往工段长办公室向当班副工段长汇报，随后和副工段长将整卷剩余的309L焊带以及第一道焊缝剩余的309 L焊带分别退库。上午9点30分左右，副工段长电话向核岛分厂厂长助理报告发生焊材用错问题。厂长助理立即赶至现场，确认焊材用错并发现焊道成型不良。

厂长助理和副工段长讨论认为：技术方面，打磨去除错误焊道并继续焊接不影响产品质量；进度方面，开启不符合项（NCR）会花费长时间处理。

4月14日上午，厂长助理口头向核岛分厂厂长汇报不锈钢堆焊焊道成型不良，已组织打磨，并准备继续焊接，但未汇报焊材用错一事。核岛分厂厂长因上午即将出差，未前往工位核实，要求厂长助理组织控制打磨和焊接质量，避免焊缝出现质量问题。此后厂长助理再未汇报此事，其余知情人员也未向公司报告。

此事件后，该问题被员工举报至国家核安全局。

二、焊工在本次事件中的错误行为

（一）焊工工作不认真，在领取焊材前，应对焊材的标识进行确认，导致焊材领用错误；

（二）焊工在实施焊接工作前，应按相关工作程序核查焊材实物标识，但当班焊工在施焊前并未核查，导致焊材用错。

三、焊工在本次事件中应汲取的教训

（一）焊工应培养相互沟通的工作习惯，沟通的工作习惯有助于大家相互了解促进团结，有助于工作效率的提高，有助于团队目标的实现。在工作中应尽力做到：从他人处获取有用信息；向班组中的其他人传递有用信息；获得更多的合作；报告工作情况；积极提出改进建议。本事件中发错焊材的主要责任是焊材管理员，但焊工若能在搬运过程中与焊材管理员充分沟通，在领用焊材时与焊材管理员一起核对焊材标识，就可能避免焊材领错。

（二）焊工应树立“人人都是一道安全屏障”的安全理念，并将这个理念贯彻到实际工作中、焊工应在施焊前仔细核对设备标识、焊接方法、焊材牌号、焊接工艺参数、焊接位置、焊接尺寸等具体要求，如果焊工能够严格按照“人人都是一道安全屏障”的安全理念执行的话，本事件中即使在管理员发错焊材的情况下，也能被焊工在施焊前核对焊材牌号时发现，从而避免该事件的发生。

思考题：焊工领用焊材时应注意哪些事项？

参考答案：

（一）焊工在领用焊材前，应首先有经过批准的焊材领用单，并至少规定焊材牌号、规格尺寸、数量等必要内容，焊材的牌号、规格应与焊接工艺规程相符；

（二）焊工进入焊材库必须经得焊材管理员的同意，协助搬运焊材前应得到焊材管理员的指令，拟领用的焊材，需标识转移的，应提醒焊材管理员；

（三）领用焊材后，应核对焊材标识、焊材规格及数量，确认无误后应在焊材出入库记录上签字确认；

（四）需要采用保温筒的，应在使用过程中保证保温筒插电；

（五）使用焊材前，应再次与工艺规程、流转卡、图纸等文件核对焊材标识、焊材规格，无误后方可正式施焊。

案例6：

民用核安全设备焊工在项目考试过程中违规的典型案例

一、事件描述

（一）参考焊工改变焊接位置、录像不完整

2012年4月10日，华北站监督员在审查某考核中心某批次项目考试录像时，发现某参考焊工在考试即将结束时，改变了考试位置，由横焊改为平焊，违反了HAF603的要求，应判为作弊，而该考核中心没有进行审查，将作弊焊工的考试试件判定为合格。发现问题后，华北站及时组织对该考核中心本批次120项次中的15项次的考试录像进行了现场抽查，结果发现较多的违规行为，如考场纪律混乱、存在较多作弊行为等现象。国家核安全局均对上述违规现象进行了处理。华北站在随后的焊工会议上通报了该公司的违规情况，起到了较好的警示作用。

（二）考核中心随意变更项目代号要素、参考焊工改变焊接位置

2012年10月29日，华北站在审查某考核中心上报的某批次项目考试评定报告时发现，该考核中心对部分考试项目随意变更母材类别、试件形式、管材外径及焊接要素等变素，并没有通知华北站或现场监督人员。因此判断其考核中心的质保体系存在问题。

针对出现的问题，华北站于2012年11月23至24日，对该考核中心进行了现场调查，重点检查质量保证体系运转情况、软硬件保持情况、该批次考试过程记录及考试过程录像，并调查了产生上述问题的原因。

检查发现，相关人员未按规定较好地履行相应职责；相关人员对HAF603及国家核安全局相关管理要求不了解或不熟悉；录像管理混乱，部分考试录像缺失或录像不完整、不连续；考场纪律混乱，存在作弊现象。如在项目考试中，某单位参考焊工在支管焊接时，将垂直俯位焊接变为船形焊，降低考试难度，并多焊试件，从中挑选。该单位另一位焊工在管对接焊时（PC位置），打底和填充焊道采用PA位置施焊。

发现上述问题后，华北站及时向国家核安全局通报了检查结果，国

家核安全局也及时暂停了该考核中心的考核活动，对违规焊工进行了处理，防止了再一次的违规行为，确保了焊工考核质量。

（三）参考焊工故意移动挡板远离坡口，降低考试难度

2013年3月15日，某考核中心向华北站报送了某批次的项目考试评定报告及所抽查参考焊工的考试过程文件及录像。华北站在审查时发现，两名参考焊工的焊前装配工作在考试未开始前已完成，违反了国核安发［2010］28号文的规定。某参考焊工在考试过程中移动挡板远离坡口位置，降低了考试难度。对此，监考人虽多次纠正，但未采取任何警告措施，致使该焊工在后续的考试过程中仍多次移动挡板，同时该考核中心未认真审查录像，将该舞弊焊工的考试成绩评定为合格并上报我站。

发现上述问题后，华北站及时向国家核安全局进行了汇报，并配合国家核安全局进行了调查。

二、原因分析

（一）未认真履行职责

华北站监督中发现的违规案例中均与考核中心相关人员如主考人、监考人、质保人员等不按照质保大纲和程序文件的要求认真履行职责有关。

在某考核中心举行的项目考试过程中，某单位参考焊工在考试即将结束时，改变了考试位置，考试作弊。该事件的发生与考核中心主考人、监考人、质保人员未认真履行职责有密切关系。经调查，由于该焊工考试项目复杂，考试时间用时较长，下班后依然在考试。而主考人、监考人、质保人员均已下班回家，不再进行现场控制，因此间接导致了参考焊工作弊。在向华北站报送评定报告、考试过程文件及考试录像时，主考人未认真履行职责，没有对考试录像进行审查，致使将作弊焊工的考试结果判定为合格。

在某考核中心举行的项目考试过程中，由于主考人、监考人未认真履行职责，造成考试现场失控，参考焊工趁机作弊。

（二）整改力度不够

自2010年国家核安全局发文选定考核中心以来，华北站对考核中心进行了多次综合性检查、专项检查和项目考试的现场见证，对于检查中发现的问题，均要求考核中心进行举一反三的整改。但大多数考核中心仅针对监督中所发现的问题进行被动的整改，未进行积极的、主动的、

全面的整改，为以后的违规行为埋下隐患。

（三）质保监查力度不足

按照国家核安全局的要求，每年应对考核中心进行一次质保监查。监督时发现，存在考核中心所在单位不及时对考核中心进行质保监查、主监查员对焊工考核的相关规定不熟悉等现象，造成质保监查往往流于形式，只能发现表面问题，不能主动发现深层次问题。

（四）与核安全监管部门沟通不力

通过华北站对考核中心的日常监督所发现的问题及上述违规案例的分析，很多违规情形是由于考核中心在工作中对法规的理解出现疑问时或出现其他问题时，未主动与国家核安全局、华北站进行有效沟通导致的。

如华北站在调查某考核中心小管对接焊不进行通球检验的违规情形发生的原因时，了解到该考核中心之所以未进行通球检验是由于没有与考试管径相匹配的检验用球，主考人也没有采取其他措施加工出满足检验要求的通球或圆棒，在没有与国家核安全局、华北站进行沟通的情况下，私自决定不进行通球检验，违反了法规要求，造成了考试结果的准确性不可评估。

（五）对焊工考核工作不够重视

焊工考核相对于核安全设备制造、安装来说较为简单，并且不直接产生效益，也不直接关系到设备制造和安装的质量、进度。因此，各考核中心所在单位的领导一般不太重视考核过程控制，仅仅是为了满足法规要求而考试。为了赶进度，甚至一些公司高层领导直接过问考核中心的工作，造成考核准备工作不足，质量低劣，不能有效评估焊工的操作技能。

焊工考核活动不仅是对焊工操作技能水平的鉴定，同时也是对焊工的核安全文化宣贯、核安全素养的培养过程。尤其是对新取证焊工来说，经历焊工考核前规范的、严格的培训对其养成遵守工艺纪律、不违章作业等职业生涯良好习惯起着重要的作用。

由于对焊工考核工作不重视，不认真进行考前培训或进行考前交底，造成作弊焊工思想上放松，没有意识到考试作弊的严重性和危害性，间接导致焊工作弊。

三、焊工在上述事件中应承担的责任

上述违规焊工在监考人员不在场或失职的情况下，无一不存在侥幸心理，趁机将难度较大的焊接位置改为难度较小的焊接位置，在考试过程中移动挡板远离坡口位置，或者多焊试件，降低了考试难度，从而使考试结果不能真实反应焊工的操作技能水平，这与参考焊工的核安全文化素养低下有直接的关系。

四、纠正措施

（1）对于在考试过程当中有舞弊行为的焊工取消其考试资格，并停考1年。

（2）对无录像的考试项目，考试成绩不予认可。

（3）对于玩忽职守的工作人员，导致考场纪律混乱，考试结果失实，停止其资格考核工作。

（4）对于管理混乱的考核中心，暂停其考试资格。

五、经验反馈

（一）加强人员培训

考核中心应对主考人、监考人以及质保人员进行全面的业务知识培训，包括国务院500号令、HAF603及国家核安全局历年来发布的焊工考试会议纪要、管理要求、考核中心的质量保证大纲、程序文件等。培训后应进行考核，考核不通过不得上岗。

针对新变更的主考人普遍应进行系统的全面的培训，并指定有丰富经验的主考人进行传帮带，确保考核工作质量。同时，国家核安全局和华北站应在日常监督工作中，重点关注考核中心主要技术人员变动后的培训情况及培训效果，必要时考虑将考核中心变动人员的培训考核活动制度化。

（二）增强责任心，认真履行职责

焊工考核中心主要技术人员等应增强责任心，严格按照焊工考核质保大纲及程序文件的规定实施考试，认真履行相应职责。

主考人应认真准备考试过程文件，对考试用工艺评定进行确认，编制可以指导焊工操作的工艺规程，并编制项目代号适用范围表，总体控制考核过程。

监考人应认真履行监考职责，熟悉监考要求，并严格进行监考。对考前、考试过程进行必要的检查，及时记录相关考试参数，不擅离职守。对于焊工的违纪、违规行为应及时进行纠正，必要时报告相关人员对焊工进行处理。

质保人员应按照质量计划和程序文件的要求，及时出席见证并进行签点，对违规行为及时纠正，切实起到把关作用。

国家核安全局和华北站在监督中发现考核中心相关人员玩忽职守、徇私舞弊行为的，也将加大处罚力度，必要时要求调离岗位。

（三）加强整改力度

焊工考核中心应针对内部监查、外部监督所发现的问题，认真分析问题产生的直接原因、根本原因，提出解决问题的方案，并进行举一反三的整改，避免类似问题再次发生。

同时，焊工考核中心应在日常工作中经常进行自我检查，对工作文件或工作成果进行自检、互检或专检，积极的、主动的发现问题，将违规隐患消灭在萌芽状态，进一步规范考核活动。

（四）加强质保监查力度

应按照国家核安全局的要求，定期对焊工考核中心进行质保监查。加强质保监查工作，加强对监查人员的能力评估和资质管理，确保监查人员熟悉焊工考核的相关管理要求，进一步提高监查工作深度和有效性。

（五）加强沟通和交流

考核中心应加强与国家核安全局、华北站的沟通。国家核安全局和华北站既是监督机构，更是服务型机构，对焊工考核活动监督的目的是确保考核出技能优秀、核安全素养高的焊工，从而确保核安全设备制造和安装质量，国家核安全局和华北站的所有监督活动均服务于此。因此对于考核中心在焊工考核中的任何疑问、困难，国家核安全局和华北站都会尽力去帮助解决，考核中心应主动的、积极地与国家核安全局、华北站进行有效沟通。

同时，考核中心也应积极主动的与参考焊工所在单位进行充分的沟通，了解考试需求及项目代号所针对的产品焊缝的相关情况，制定出适用的、便于维护的项目代号。

焊工考核中心还应当与其他核安全设备焊工考核中心进行交流，相互学习好的实践经验，及时交流考核中的经验教训，避免再次发生违规行为。

六、焊工在上述事件中应汲取的教训

（一）焊工应当养成良好的职业素养和习惯，在参加焊工考试时，考核中心应首先向焊工明确考试项目的具体要求、考试纪律、考试注意事项等。

（二）焊工在参加项目考试时，应严格按照考试要求参加考试，不得多焊试件从中挑选，不得有趁监考人不在时变换试件位置或者移动挡板、多焊试件等降低考试难度等违规行为，养成遵守考试纪律的良好习惯。

思考题：民用核安全设备焊工考核的意义是什么？焊工在项目考试时的注意事项是什么？

参考答案：

（一）民用核安全设备焊工考核的意义主要在于为民用核安全设备焊接活动选取合格的焊接技术工人。焊接过程是一个持续时间短暂、物理化学变化复杂的过程，尽管通过焊接工艺试验和工艺评定确定了相关的参数范围，但要保证民用核安全设备的焊接质量和稳定性，还需要焊工具有高超的操作技能和高水平的核安全素养、核安全责任感。焊工缺乏培训、经验不足、敬业精神不够、责任心不强、核安全意识欠缺都有可能导致核安全设备制造、安装质量出现问题，造成严重损失。

（二）焊工在项目考试时应该注意以下事项：

（1）焊工应当持本人身份证参加考试，并参加考试前的技术及安全交底，了解考试纪律、考试注意事项等，确保考试过程安全；

（2）应该认真学习焊接工艺规程的内容，了解考试项目的基本要求，如母材、焊材、焊接位置、装配要求、定位焊要求等；

（3）领用焊材后，应核对焊材标识、焊材规格及数量，无误后应在焊材出入库记录上签字确认，焊条应放置在焊条筒内，焊丝应按不同的材质放入焊丝盒中，不得放置在焊机壳上，保持焊材清洁；

（4）考试过程中应严格按照考试要求参加考试，不得多焊试件从中挑选，不得有趁监考人不在时，变换试件位置降低考试难度，不得有最后一层焊缝打磨等违规行为，养成遵守考试纪律的良好习惯；

（5）焊工考试完成后，应当将考试试件交予监考人或主考人，并迅速离开考场，不得影响他人考试。

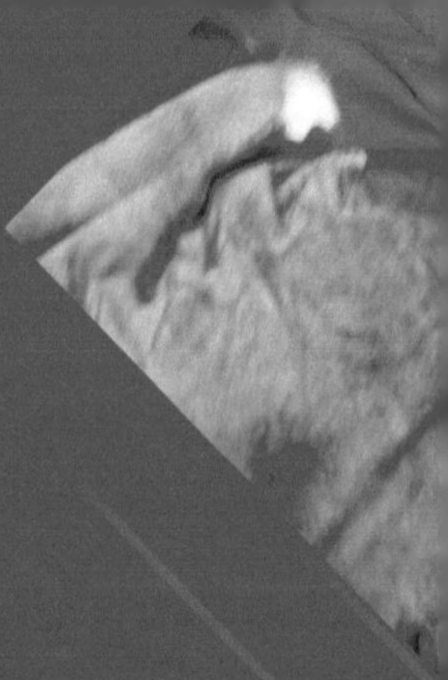

民用核安全设备焊工焊接操作工理论知识考试题库

一、核电系统基本知识

（包括辐射防护方面的知识）

（一）判断题（29）

1.辐射无色无味、无声无臭、看不见、摸不着，核电厂对人体健康的辐射影响远远大于天然辐射。(×)

2.核能是一种可持续发展的能源，是一种安全、清洁、经济的能源。(√)

3.核电厂始终坚持“质量第一,安全第一”的原则，核电厂的设计、建造和运行,采用了纵深防御的原则。(√)

4.当体表发生放射性污染时，不可以用肥皂洗澡洗掉放射性物质。(×)

5.碘片能保护来自于体外的放射性和被身体吸收的除碘以外的放射性物质。(×)

6.辐射是恒久以来就广泛存在于宇宙和人类生存环境的自然现象。(√)

7.压水堆核电厂的放射性废物有放射性废气、放射性废液和放射性固体废物。(√)

8.辐射防护的三大方法即时间防护、距离防护和屏蔽防护。(√)

9.核电厂主要由核岛、常规岛和BOP组成。(√)

10.辐射分为非电离辐射和电离辐射两大类。其辐射防护的三原则是：实践的正当性原则、辐射防护最优化原则、个人剂量限制的原则。(√)

11.我国自行设计、建造的第一座核电厂，是位于浙江海盐县的秦山核电厂。(√)

12.核电厂有二氧化碳、二氧化硫、一氧化碳有害气体的大量排放并对环境造成污染。(×)

13.由于环境辐射本底的照射以及技术进步所带来的人工照射，人的一生无时无刻不处于一个辐射的环境中。(√)

14.核能的获取途径主要有两种，既重核裂变与轻核聚变。核电厂是一个能量转换系统，核裂变反应过程中释放出来的巨大能量，在核反应堆中转化为热能。(√)

15.核能作为一种可持续发展的能源，在世界范围内已经全面取代了火力发电。(×)

16.压水堆核电厂的蒸汽参数比常规火电低得多，所以安全要求没有常规火电高。(×)

17.在压水堆核电厂正常运行时，二回路中的水和蒸汽不受到一回路水的污染，不具有放射性。(√)

18.反应堆压力容器是核电厂最关键的部件，在核电厂安全分析中不考虑其失效。在核电厂整个寿期内是可更换的设备。(×)

19.核电厂安全系统是为一些可能的事件提供必要的停堆手段、导出余热以及防止放射性物质扩散的功能。(√)

20.压水堆核电厂的三道屏障是燃料元件包壳、反应堆压力容器以及一回路压力边界和安全壳。(√)

21.核安全是指完成正常或基准的运行工况、事故预防、防止裂变物质外泄或缓解事故后果，从而实现保护厂区人员、公众和环境免遭过量辐射危害。(√)

22.任何工作人员的职业照射连续5年平均有效剂量的限值为20mSv。(√)

23.在世界核电历史上迄今为止最严重的核事故是前苏联切尔诺贝利核电厂事故。(√)

24.核电厂一回路系统是冷却剂的重要压力边界，起着防止裂变产物逸出的作用。(√)

25.辐射防护最优化原则是，应避免一切不必要的照射，所有辐射照射都应保持在可合理达到的尽量低的水平。(√)

26.压水反应堆是以高压欠热水作为慢化剂和冷却剂，一回路高压高温水通过蒸汽发生器使二回路水生成饱和蒸汽送到汽轮发电机进行发

电。(√)

27.核电厂的废物排放都是经过严格处理的，所以不含放射性物质。(×)

28.辐射分为电离辐射和非电离辐射，通常辐射防护主要针对电离辐射。(√)

29.高质量和高可靠性的核安全设备是保证民用核设施安全目标的重要前提条件之一。(√)

（二）选择题（37）

1.反应堆堆型是核电厂分类的重要依据，目前我国主要使用的是______。（B）

A. 沸水堆核电厂　　B. 压水堆核电厂

C. 重水堆核电厂　　D . 石墨反应堆核电厂

2.下列_____不是压水堆核电厂的优点。（D）

A. 反应堆结构简单　　B. 功率密度高

C. 汽轮机不带辐射　　D. 系统简单设备少

3.不属于防止核燃料放射性物质外泄的屏障有_____。（B）

A. 燃料芯块和包壳　　B. 蒸汽发生器二次侧

C. 一回路压力边界　　D. 安全壳

4.一般核电厂的运行时间为_____。（C）

A. 10～30年　B. 30～40年　C. 40～60年　D. 50～70年

5.核与辐射突发事件早期，人员可以采用的防护措施错误的是_____。（C）

A. 选用就近的建筑物进行隐蔽　　B. 呼吸道防护

C. 服用含碘盐　　D. 撤离、控制进出口通路等

6.对X射线的屏蔽，最有效的材料是_____。（A）

A. 铅　B. 铁　C. 铜　D. 混凝土

7.我国自行研制的第一座核电厂秦山核电厂是_____。（B）

A. 重水堆　B. 压水堆　C. 石墨堆　D. 快堆

8.下列_____是错误的。（B）

A. 所有从事民用核安全设备焊接的人员必须按HAF603要求取得相应资质

B. 第三代AP1000堆型核电厂属于能动堆型

C. 我国目前已经投运和在建的核电厂主要以压水堆核电厂为主

D. 红沿河核电厂是我国东北地区的第一座核电厂

9.根据《电离辐射防护与辐射源安全基本标准》，工作人员职业照射任何一年中的有效剂量不得大于_____。（D）

A. 1 mSv　　B. 5 mSv　　C. 20 mSv　　D. 50 mSv

10.在有电离辐射源的情况下，加强通风是为了_____。（B）

A. 防止外照射　　B. 防止内照射

C. 防止辐射灼伤　　D. 防止弧光灼伤

11.三废处理系统不包括_____。（D）

A. 废气处理　　B. 废液处理

C. 固体废物处理　　D. 废核燃料处理

12.核电厂和火电站从环境污染的角度比较，核电厂的优点为____。（B）

A. 不污染环境　　B. 环境污染大大低于火电站

C. 环境污染的程度差不多　　D. 对环境有益

13.安全壳钢衬里执行安全功能_____。（D）

A. 停堆　　B. 导出余热

C. 防止主管道破裂　　D. 防止放射性物质扩散

14.核电厂正常运行时，绝大多数放射性产物保存在_____。（A）

A. 燃料包壳内　　B. 一回路冷却剂中

C. 放射性废水储存罐　　D. 放射性废气储存罐

15.日本福岛第一核电厂发生事故的主要原因是_____。（B）

A. 地震太大了　　B. 设计基准出现问题

C. 核电厂建造质量有问题　　D. 东电公司应对失误

16._____是核电厂的心脏，核裂变链式反应在其中进行。（A）

A. 核反应堆　　B. 蒸汽发生器　　C. 安全壳　　D. 稳压器

17.压水堆核电厂运行经验表明，在主设备中易发生破损事故的是______。（C）

A. 压力容器中的驱动机构　　B. 主管道中的支座管道

C. 蒸汽发生器中的传热管　　D. 稳压器中的波动管

18.我国在建的三门一期核电厂执行的是_____。（A）

A. 美国ASME规范　　B. 法国RCC-M标准

C. 俄罗斯的П Н А Э Г标准　　D. 我国国家标准

19.外照射防护法中在人与源之间设置屏蔽层称为______。(C)

A. 距离防护法　　B. 时间防护法

C. 屏蔽防护法　　D. 源项控制法

20.核电厂一回路系统中常用的结构材料是______。(C)

A. 锻钢、铸钢、结构钢　　B. 低碳钢、中碳钢、高碳钢

C. 碳钢和低合金钢、不锈钢、镍基合金　　D. 钛合金

21.压水堆核电厂反应堆主管道不包括______。（A）

A. 凝气管　　B. 热管段　　C. 过渡管段　　D. 冷管段

22.下列设备不属于核岛主设备是______。（D）

A. 反应堆压力容器　B. 蒸汽发生器　C. 稳压器　D. 汽轮机

23.不属于核电厂产生的废物分类的是______。（D）

A. 低放射性废物　　B. 中放射性废物

C. 高放射性废物　　D. 超高放射性废物

24.蒸汽发生器是一种热交换设备，将一回路中水的热量传递给二回路中的水，使其变为______供给汽轮机发电。（A）

A. 饱和蒸汽　　B. 蒸汽　　C. 汽水混合物　　D. 高温水

25.对于核电厂的运行维修人员而言，外照射的防护主要针对中子和______射线。（D）

A. x　　B. α　　C. β　　D. γ

26.当前核电厂利用核能的方式是______。（A）

A. 可控核裂变反应　　B. 核聚变反应

C. 核化合反应　　D. 不可控核裂变反应

27.下列不是反应堆冷却剂系统主要作用的是______。（C）

A. 将反应堆裂变产生的热量导出
B. 控制反应堆裂变反应程度
C. 将机械能转换为电能
D. 调节一回路介质压力

28.在压水堆核电厂中不属于主要能量转化装置的是______。（C）
A. 反应堆　B. 蒸汽发生器　C. 稳压器　D. 汽轮机

29.不属于放射防护原则的是______。（B）
A. 实践的正当性原则　B. 辐射防护按剂量补偿原则
C. 辐射防护最优化原则　D. 个人剂量限制的原则

30.常规岛系统不包括______。（D）
A. 二回路系统（汽轮机发电机系统）　B. 循环水系统
C. 电气系统工程及厂用电设备　D. 一回路系统

31.电离辐射作用于人体，可能造成器官或组织的损伤表现出各种______。（A）
A. 生物效应　B. 躯体效应　C. 遗传效应　D. 随机性效应

32.不属于一回路冷却剂系统是______。（A）
A. 控制棒驱动机构　B. 反应堆压力容器
C. 蒸汽发生器　D. 稳压器

33.蒸汽发生器中一、二次侧介质的隔离屏障之一是______。（A）
A. 传热管　B. 筒体组件　C. 下封头　D. 上封头

34.EPR核电厂反应堆压力容器主体由以下______钢制造。（A）
A. 16MND5　B. 因科镍690合金
C. SA-508　D. 18MND5

35.保证核设施安全的主要目的是______。（B）
A. 防止对核设施的人为破坏和防止自然灾害
B. 防止工作人员和公众受到过量的放射性危害
C. 防止设备毁坏、人员伤亡
D. 建立健全的安全保卫体制

36.辐射防护实践的正当性是指______。（C）
A. 不得损害人的健康　B. 保护环境，保护公众

C. 具有正当的理由且利益大于代价　D. 以上都不对

37.根据辐射效应的发生与剂量之间的关系，可以把辐射对人体的危害分为______。（A）

A. 随机性效应和确定性效应　B. 躯体效应和遗传效应

C. 随机性效应和遗传效应　D. 躯体效应和确定性效应

二、核安全法规政策

（一）判断题（26）

1.民用核安全设备是民用核设施使用的执行核安全功能的设备，包括核安全机械设备和核安全电气设备。（√）

2.民用核安全设备焊工焊接操作工必须按照《民用核安全设备焊工焊接操作工资格管理规定》（HAF603）的要求取得资格证书。（√）

3.民用核安全设备设计、制造、安装和无损检验单位，可以将国家核安全局确定的关键工艺环节分包给其他单位或个人。（×）

4.核事故应急状态分为四级：应急待命、厂房应急、场区应急、场外应急。（√）

5.在核安全设备的设计、制造、安装、焊接和无损检验等活动中必须采用成熟的且经过验证的技术和工艺，而不是一味追求其先进性。（√）

6.所有核安全设备的相关活动，包括设计、制造、安装、试验、运行、在役检查、维修和退役等都必须在国家核安全监管部门的监督下实施。（√）

7.目前，我国的核安全监管包括了核设施安全监管、核安全设备质量监管、辐射安全监管和放射性环境监测。（√）

8.核安全领域应用了大量的国家标准、行业标准，也会应用大量的国际标准等。（√）

9.放射性物质和射线装置由于受到严格的管控，因此可以不设置明显的放射性标识和中文警示说明。（×）

10.中国是《核安全公约》的缔约国。（√）

11.《电磁辐射防护规定》（GB8702—1998）适用于中华人民共和国境内产生电磁辐射污染的一切单位或个人、一切设施或设备。其规定的防护限值也适用于为病人安排的医疗或诊断照射。（√）

12.为了防止长期接触射线人员受到高于安全剂量射线的照射，应进行射线防护，包括采用防护装置和缩短接触射线的时间。（√）

13.国际核与辐射事故分级表是用统一的术语向公众快速通报核设施所发生事件的安全重要性的一种工具。（√）

14.国际核与辐射事故分级表将核与辐射事件分为七级。较高的四至七级为“事故”，较低的一至三级为“事件”。（√）

15.日本福岛核泄漏事故最终按国际核与辐射事故分级表被划分为六级“重大事故”。（×）

16.1986年苏联切尔诺贝利核电厂（现属乌克兰）事故因大量放射性物质向外释放，造成大范围的健康和环境影响而被划分为七级“特大事故”。（√）

17.劳动者在职业活动中接触放射性同位素和射线装置造成的职业病的防治，依照《中华人民共和国放射性污染防治法》和国务院有关规定执行。（×）

18.《民用核安全设备监督管理条例》中有关于民用核安全设备焊工、焊接操作工应该取得相应资质的规定。（√）

19.民用核安全设备焊工、焊接操作工违反操作规程导致严重焊接质量问题的，由聘用单位吊销其资格证书。（×）

20.在特殊情况下，公民个人可以自行处置废旧放射源和其他放射性固体废物。（×）

21.国家建立放射性污染监测制度，对放射性污染实施监测管理。（√）

22.在核设施现场，由于不服管理、违反规章制度，因而发生核事故，造成严重后果，构成犯罪的，由司法机关依法追究刑事责任。（√）

23.在核事故应急工作中散步谣言，扰乱社会秩序的人员，情节较

轻的，可以不受处分。（×）

24.在核事故应急工作中保护公众安全和国家的、集体的和公民的财产，成绩显著的由主管部门或者所在单位给予表彰或者奖励。（√）

25.核电厂厂址选择时考虑了洪水、地震、龙卷风等影响，未考虑飞机坠毁的可能性。（×）

26.设备制造单位的民用核安全设备焊接人员进入核动力厂区从事设备维修活动，不必受核动力厂工作人员的控制和监管。（×）

（二）选择题（18）

1.下列4个核安全设备方面的法规，________是监管核设备焊工的。（C）

A. HAF601　B. HAF602　C. HAF603　D. HAF604

2.根据我国核安全导则HAD102/03规定，______是核安全1级设备。（B）

A. 安全壳隔离系统的各种机械设备　B. 蒸汽发生器的一次侧

C. 冷却水系统　D. 辅助给水系统处于安全壳外的部分

3.不属于民用核安全设备标准的是_____。（B）

A. 国家标准　B. 地方标准

C. 行业标准　D. 企业标准

4.常规压水堆核电厂中稳压器属于_____的设备。（A）

A. 核安全1级　B. 核安全2级

C. 核安全3级　D. 非核安全级

5.民用核安全设备许可证4类证中不包含_____。（A）

A. 监造许可证　B. 安装许可证

C. 制造许可证　D. 设计许可证

6.核安全法律法规体系的层次及相互关系不包括_____。（D）

A. 国家法律　B. 国务院条例

C. 国务院各部委部门规章　D. 华北监督站程序

7.中华人民共和国民用核安全设备监督管理条例由____发布。（A）

A. 国务院　　B. 国家核安全局

C. 国家环境保护部　　D. 国防部

8.我国的核安全法律法规体系分为国家法律、国务院条例和_____三个层次。（C）

A. 国家标准　　B. 核工业标准

C. 国务院各部委部门规章　　D. 地方法规

9._____对全国核设施安全实施统一监督，独立行使核安全监督权。（D）

A. 华北核与辐射安全监督站

B. 各级地方核与辐射安全监督站

C. 国务院　　D. 国家核安全局

10.民用核安全设备设计、制造、安装和无损检验单位，不得将国务院核安全监管部门确定的关键_____分包给其他单位。（C）

A. 部分　　B. 设备　　C. 工艺环节　　D. 流程

11.民用核安全设备是指在民用核设施中使用的执行核安全功能的设备，包括核安全_____和核安全电气设备。（A）

A. 机械设备　　B. 控制设备　　C. 装备　　D. 保护设备

12.申请领取民用核安全设备制造许可证或者安装许可证的单位，应当制作有代表性的_____。（B）

A. 代样　　B. 模拟件　　C. 见证件　　D. 样品

13.我国核领域的唯一国家法律是_____。（A）

A.《中华人民共和国放射性污染防治法》

B.《中华人民共和国环境保护法》

C.《民用核设施监督管理条例》

D.《民用核安全设备监督管理条例》

14.以下属于核设施的是_____。（D）

A. 核动力厂（核电厂、核热电厂、核供汽供热厂等）和其他反应堆（研究堆、实验堆、临界装置等）

B. 核燃料生产、加工、贮存和后处理设施

C. 放射性废物的处理和处置设施等

D. 以上都是

15.以下不属于核安全法律法规的是_____。（D）

A.《中华人民共和国放射性污染防治法》

B.《民用核设施安全监督管理条例》

C.《民用核安全设备监督管理条例》

D.《中华人民共和国环境保护法》

16.我国对放射工作实行_____管理制度。（A）

A. 许可登记制度　　B. 备案制度

C. 审批备案制度　　D. 合同管理制度

17.HAF601的主要内容是关于_____。（A）

A. 民用核安全设备相关活动的监督管理

B. 无损检验人员资格管理

C. 焊工、焊接操作工资格管理

D. 民用核承压设备无损检验人员培训、考核和取证管理办法

18.劳动者在职业活动中接触射线装置造成的职业病的防治，依照_____。（A）

A.《中华人民共和国职业病防治法》

B.《民用核安全设备无损检验人员资格管理规定》

C.《中华人民共和国放射性污染防治法》

D.《中华人民共和国核电厂核事故应急管理条例》

三、核安全文化

（一）判断题（40）

1.核安全文化是存在于组织和员工中的种种特性和态度的总和。（√）

2.核安全文化是政府和组织的事，与企业员工无关。（×）

3.“安全文化”一词的正式提出，源于国际核电发展史上的两起事故：三哩岛事故和切尔诺贝利事故。（√）

4.国际、国家、组织、员工等各层面都应该重视核安全问题。（√）

5.建立核安全文化的目的，就是要规范所有参与核电厂活动相关的组织和个人自身的行为以及相互的行为。（√）

6.核电安全与参与核电厂建设的焊工无关。（×）

7.教育人、培养人、改造人，使全体工作人员形成正确的思维习惯和正确的工作作风是核安全文化建设的本质。（√）

8.我们只要建立可以机械地执行保证核安全的程序就能保证核安全。（×）

9.核安全事务中凡争取有优异成绩者，其人格特性应该包括：质疑的工作态度，严谨的工作方法，互相交流的工作习惯和奉献的精神。（√）

10.员工如果长期不按照程序执行，或在进度紧张时不主张按程序办事，那么即使最重要的程序也会被忽略，甚至会酿成事故。（√）

11.核与辐射安全是国家安全的重要组成部分，是环境安全的重要组成部分，是核事业发展的生命线。（√）

12.在核电设备制造中，“慢就是快，稳就是好”质量与进度集中表现为质量第一，质量是根本。没有质量，进度再快也是零。（√）

13.在核电设备制造、安装过程中，为保生产进度，当出现质量问题时，可以凭经验，走捷径，快速处理。（×）

14.在核电设备制造、安装过程中，只要按图纸、工艺干出合格的产品，就可以不学习核安全文化。（×）

15.核电制造活动中虽要求严格按照书面规定办，但是某些经验技巧比规定更可靠。（×）

16.“安全第一”是核电厂工程建设的基本原则。（√）

17.核安全文化被作为一项基本管理原则加以推广和实施，用以防止和减少人因错误。（√）

18.核安全文化强调个人的响应，要求每个人必须对核安全做出具体的承诺。（√）

19.核安全的实现应有三个发展阶段：从开始的被动接受，到单位的自身要求加以达到，再到人人主动加以完善。（√）

20.将错误作为学习的机会体现了核安全文化的理念。（√）

21.为确保产品质量而认真、细致地进行产品焊接工作，就是为确保产品安全用到核电厂，这种工作态度是核安全文化高的表现。（√）

22.焊接记录不重要，可以潦草地记，也不保持记录干净，是核安全文化弱的表现。（√）

23.由于施工紧急需要，在现场可以按照业主相关人员的口头指示进行工作。（×）

24.对制定的工作程序不熟悉或不严格执行，是核安全文化差的表现。（√）

25.在核电领域，进度和经济效益是压倒核安全的。（×）

26.当产品进度和质量发生冲突时，必须先满足进度要求。（×）

27.当工作出现问题时，可自行根据问题大小进行判断处理。（×）

28.质量问题只能逐级向上报告，不允许越级上报。（×）

29.操作者只要将重要的工作干好，可不必纠结于一些其它细小的工作。（×）

30.焊工只要取得民用核安全设备焊接资质后，就可以随意到任何持证单位从事民用核安全设备焊接活动，不必担心没有工作干。（×）

31.焊工对民用核安全设备焊接活动中出现的一些“习以为常”、“见惯不怪”的小问题，可以不报告，自行处理即可。（×）

32.民用核安全设备焊接活动中出现质量问题时，为了个人利益要隐瞒。（×）

33.每个严重的安全事件，总会存在若干潜在隐患，抓住并报告潜在隐患，这是良好的安全工作作风。（√）

34.员工不能很好地理解书面或者口头上对自己工作的要求、本人的职责和义务，这是核安全文化弱化的征兆。（√）

35.通过服务采购，作为供方人员参与采购方工作的焊接人员，不需接受采购方在安全素养和技能方面的培训。（×）

36.核安全文化作为一项高境界的管理原则，在全球核能界已得到倡导、实施和推广，在创造核电厂优良业绩中发挥了重要作用。（√）

37.正确填写工作记录，无论是正常还是异常情况。（√）

38.核安全文化对于工作过程中的口头交流没有控制要求。（ × ）

39.从安全文化的角度看，活动承担者不需要质疑程序。（ × ）

40.提出核安全文化的目的是解决管理问题，和个人行为无关。（ × ）

（二）选择题（34）

1.我国核安全方针是_____。（A）

A. 安全第一，质量第一　　B. 安全第一

C. 质量第一　　D. 安全第一，预防为主

2.目前出现的核安全事故中，最早的是_____。（A）

A. 美国三哩岛　　B. 苏联切尔诺贝利

C. 日本福岛　　D. 英国温茨凯尔工厂的意外临界事件

3.下列核安全工作中，不正确的是_____。（C）

A.　在核电厂的设计到退役过程中，各项活动应严格遵循确定的程序和操作规定

B.　参与核电厂设计、建造和运行工作的人员应不断的通过培训，确保相关人员具有必须的知识和能力

C.　在一个正确的直线管理系统中，一个人应服从他的所有上级的规定

D.　核电厂运行全周期中，设备、部件的技术规格书的要求应始终保持一致

4.对核安全文化的理解，下列正确的是_____。（D）

A. 安全文化的实质是一种手段，它使所有单位和个人都能对核安全密切关注

B. 它是要建立一整套科学而严密的规章制度和组织体系，要培养员工遵章守纪的自觉性和良好的工作习惯，在整个核电厂内营造一个人人自觉关注核安全的氛围

C. 安全文化是价值观、标准、道德和可接受行为规范的统一体

D. A B C均包含

5.对于决策层、管理层、基层，每个层次的每个人都要真正树立的观念是_____。（C）

A. 安全第一　　　　　　　B. 质量第一

C. 安全第一，质量第一　　D. 以上都不对

6.下列安全文化的作用不正确的是_____。（D）

A. 规范人的安全行为

B. 组织及协调安全管理机制

C. 为使核电生产进入安全高效的良好状态

D. 为使员工学习更多的核电知识

7.核安全是依靠组织中的_____共同协作来达到的，每个岗位都有其存在的意义。（D）

A. 与生产直接相关的人员　　B. 与质量相关的人员

C. 所有领导　　　　　　　　D. 所有人

8.对于培养质疑的态度下列不正确的是_____。（B）

A. 认识潜在的风险，常存怵惕之心

B. 在面对不确定性事件时，员工未接到上级指令前可以继续操作

C. 通过思维的多元化来避免群体思维，鼓励和重视不同的意见

D. 人人都是一道屏障

9.可以通过各种方法对核安全进行常态化的_____和检查，来强化安全和提升业绩。（A）

A. 监督　　B. 检验　　C. 试验　　D. 检查

10.核安全文化的核心是_____。（A）

A. 质量保证　　　　B. 质量检查

C. 安全管理　　　　D. 物项管理

11.坚持质疑的工作态度，应反复问几个为什么，但是不包括_____。（C）

A. 什么可能出错　　B. 应该怎样避免出错

C. 谁犯的错　　　　D. 如果出了错，我该怎么办

12.关于核安全文化描述错误的是_____。（C）

A. 一次干对、一次干好，并严格执行规定

B. 凡事有章可循、凡事有据可查、凡事有人监督、凡事有人负责

C. 安全、质量、进度、经费与效益应该综合平衡考虑

D. 严谨的工作方法、质疑的工作态度、保守的工作习惯、相互交流的工作方式

13.坚持严谨的工作方法，我们应避免_____。（D）

A. 理解工作程序，遵守程序

B. 对异常保持警觉，遇到问题时停止并思考，需要时寻求帮助

C. 追求有序、按时和整洁

D. 鼓励创新思维，在没有验证的情况下也可用于核电产品制造

14.以下不属于焊工、焊接操作人员职责的是_____。（D）

A. 按照生产计划，严格遵守图样、车间流转卡及其适用文件规定开展制造活动

B. 在制造前熟悉车间流转卡和适用文件的要求，对设备和工装进行检查，并领取合适的材料和工具开展工作

C. 焊后清除熔渣和飞溅

D. 负责管理和组织核安全设备焊工项目培训和考试工作，编制焊工评定报告

15.为保证质量，从事影响质量活动的人员应_____。（D）

A. 无条件地听从上级的一切命令

B. 能用自己的头脑进行思考，以判断哪些文件能用，哪些文件不能用

C. 具有与其工作重要性相适应的记忆力

D. 能熟练、正确使用各种工作文件

16.核电厂的安全来源于_____。（D）

A. 固有安全性取决于技术措施的可靠性

B. 纵深防御、质量保证大纲和国家强制监管等核电厂安全的管理措施

C. 防止人因失误措施，并建设核安全文化予以保障

D. 以上都正确

17.____是核安全文化建设的本质。（D）

A. 教育人　　B. 培养人

C. 改造人　　D. 形成正确的思维习惯和正确的工作作风

18.从事核电活动的每个工作人员对工作中出现的错误或不符合项，都____及时向有关部门报告。（B）

A. 无权　　B. 有权

C. 应问题解决后　　D. 可以

19.在核安全设备活动中，对要达到的质量负主要责任的是该工作的____。（C）

A. 策划者　　B. 监督者

C. 承担者　　D. 试验者

20.与促进核安全文化素养的培养与提高，没有必然联系的一项是____。（D）

A. 规范全体员工的工作态度、思维习惯和行为举止

B. 安全文化的学习和宣讲

C. 举行事件分析和经验反馈活动

D. 员工的个人工作经验

21.一般情况下引发核电严重事故的主要原因是____。（B）

A. 设备故障　　B. 人因错误

C. 技术不可靠　　D. 不可抗力

22.以下不属于单位安全文化弱化的征兆的是____。（B）

A. 拒绝与别人交流经验与教训

B. 自觉且不间断地加以改善安全绩效

C. 大量积压与安全有关的纠正措施

D. 未受过适当培训的人数比例偏高

23.为了比较全面客观地评价某单位的安全文化，应采取____方式进行。（D）

①全厂巡视　②文件检查　③个别访谈　④调查问卷

A. ①+②　　B. ①+②+③

C. ①+②+④　　D. ①+②+③+④

24.建设核安全文化是_____的事。（D）

A. 国家　　B. 核电厂　　C. 全体员工　　D. A+B+C

25.下列描述不正确的是_____。（A）

A. 核安全文化是建设问题，勿需培训

B. 核安全文化也要培训

C. 核安全文化实施全员培训

D. 承包商同样要接受核安全文化培训

26.引起核安全文化弱化的原因主要是_____。（D）

A. 核安全理念薄弱　　B. 核安全知识缺乏

C. 核安全约束不足　　D. A+B+C

27.一个单位核安全文化工作效果的标志是_____。（A）

A. 每个员工的行为是否符合核安全文化要求

B. 单位领导是否每天强调核安全

C. 单位领导是否亲自抓核安全工作

D. 单位是否有完善的质量保证体系

28.民用核安全设备活动中，所有的决策应以_____为最优先。（B）

A. 进度　　B. 安全　　C. 成本　　D. 效益

29.不属于核安全文化内涵“严谨的工作方法”的是_____。（A）

A. 向他人传达信息　　B. 谨慎小心工作

C. 按程序办事　　D. 出现问题停下来思考

30.不属于核安全文化内涵“相互交流的工作习惯”的是____。（B）

A. 向他人传达信息　　B. 按程序办事

C. 从他人处获取信息　　D. 填写工作日志

31.下列工作中不符合“核安全文化”要求的是_____。（B）

A. 按程序工作　　B. 按经验工作

C. 按标准工作　　D. 按文件工作

32.具有良好的________是对核能行业从业人员素质的最基本要求。（A）

A. 核安全文化　　B. 技能水平

C. 理论水平　　D. 工作经验

33.下列描述不符合“核安全文化”要求的是_____。（D）

A. 除非证明是安全的，否则我们就认为是有问题的

B. 追求卓越是我们的工作目标

C. 践行“安全第一、质量第一”的质量方针

D. 强化执行力，对领导安排的工作和指令不折不扣的执行

34.组织良好的核安全文化的特征包括_____。（C）

①安全已成为一种公认的价值

②对安全事务的管理者是明确的

③承担安全的责任是明确的

④安全已落实到组织的所有活动中

⑤安全已成为一种学习的动力

A. ①+②+⑤　　B. ②+③+④

C. ①+②+③+④+⑤　　D. ③+④+⑤

四、民用核安全设备焊工管理要求

一、判断题（49）

1.焊工、焊接操作工操作技能考试试件的数量应当符合要求，不允许多焊试件从中挑选。(√)

2.考试用试件的坡口表面和坡口两侧各20 mm范围内应当清理干净，去除铁屑、氧化皮、油、锈和污垢等杂物。(×)

3.焊条和焊剂应当按规定要求烘干，随用随取，焊丝应当除油、除锈。(√)

4.焊工、焊接操作工应当按照评定合格的焊接工艺评定报告焊接考试试件。(×)

5.水平固定试件和45°固定试件上应当标注焊接位置的钟点标记，定位焊缝不得在“12点”位置。(×)

6.机械化焊接考试时，允许加引弧板和引出板。(√)

7.焊工、焊接操作工的所有考试试件，第一层焊缝中至少应当有一

个停弧再焊接头。(×)

8.试件开始焊接后，焊接位置不得改变；对于管材对接和管板焊缝的45° 固定试件，管轴线与水平面间的夹角应当在45° ± 5° 范围内。(√)

9.操作技能考试只能由一名焊工或者焊接操作工在同一试件上采用一种焊接方法进行。(×)

10.试件表面最后一层不允许修磨和返修。(√)

11.在平焊（PA）、横角焊（PB）或横焊（PC）位置板材试件考试合格后，适用于管外径大于或等于100 mm的管材。(×)

12、焊工焊接板材上接管的考试结果适用于管材上的接管，但管材上的接管考试结果不能适用于板材上的接管。(×)

13.耐磨堆焊考试时，无损检验应按照确定的堆焊（最高级别）制造条件进行液体渗透检验和超声波检验。(√)

14.对接焊缝的考试结果可以适用于任何接头形式的对接焊缝。(×)

15.热交换器或蒸汽发生器管板焊接考试时，对于焊接操作工，机械化焊机商标和型号的改变需要重新评定。(√)

16.任何情况下，对接焊缝考试结果均可以适用于角焊缝。(×)

17.焊接操作工采用螺柱焊试件，经考试合格后只能适用于相应位置的焊件。(×)

18.带填充金属的考试合格后，不带填充金属的焊接可免考，反之则需重新考试。(√)

19.药芯焊丝考试合格后可以覆盖实心焊丝，反之则需重新考试。(×)

20.考试焊缝表面不得有裂纹、未熔合、夹渣、咬边、气孔和未焊透。(×)

21.特殊的密封焊缝（顶盖、Ω接头等）应对每个焊工或焊接操作工分别进行考试。(√)

22.管材试件H-L045焊接位置认可了生产工件上所有的焊接位置。(×)

23.破坏性检验包括弯曲试验、宏观金相检验、微观金相检验和化

学分析等。(√)

24.申请民用核安全设备焊工焊接操作工基本理论考试应具有高中以上学历，身体健康，能按照焊接工艺规程进行操作，独立承担焊接工作。(×)

25.不带衬垫的板材试件、管材或接管试件和外径不小于76 mm的管材试件，其背面焊缝的余高应不小于3 mm。(×)

26.每个考试试件应先进行外观检验，合格后再进行其他项目检验。(√)

27.对于无衬垫焊接，打底焊道所使用的焊条应与项目代号对应的药皮类型相同。(√)

28.在焊工资质管理中，属于单独的技能变素有焊接方法、试件形式、焊缝形式、母材类别、保护气体、焊缝金属厚度与管材外径、焊接位置和焊接要素。(×)

29.对于焊接操作工管材焊接,适用范围为大于考试施焊最小直径。(√)

30.HAF603规定，焊接操作工采用螺柱焊碳钢考试试件，经考试合格后，当焊接不锈钢的产品时，应重新考试。(×)

31.对于螺柱焊试件，仰焊位置考试结果适用于任何位置的螺柱焊试件。(√)

32.焊工焊接板材试件的考试结果适用于外径大于或等于500 mm的管材。(√)

33.焊接操作工在操作技能考试时，每面坡口内多层焊考试合格后，可以适用单层焊。(√)

34.焊工项目考试时，不可能存在两名焊工在一个试件上进行考试的可能。(×)

35.焊工项目考试时，可能存在三名焊工在一个试件上进行考试的情况。(√)

36.焊工项目考试时，双面焊、部分焊透的坡口焊缝均视为带衬垫。(√)

37.焊工项目考试时，考试试件规格自定，但必须满足考试试件取

样的要求。(×)

38.焊工项目考试时，角焊缝考试试件无需进行外观检验。(×)

39.试件的外观检验，应采用目视或10倍放大镜进行。(×)

40.焊工项目考试进行外观检验时不允许有咬边缺陷。(×)

41.在弯曲试验中压头位置相对于焊缝偏离时，弯曲试验结果无效。(√)

42.焊工焊接操作工在获得理论考试合格编号后方可参加项目考试。(√)

43.原则上异种钢项目代号只适用于与操作技能考试相同的情况。(√)

44.民用核安全设备焊工、焊接操作工违反操作规程，导致严重焊接质量问题的，由国务院核安全监管部门吊销其资格证书。(√)

45.民用核安全设备焊工、焊接操作工由国务院核安全监管部门颁发资格证书。（√）

46.焊工、焊接操作工考试包括理论知识考试和操作技能考试。焊工、焊接操作工理论知识考试包括基本理论知识考试和专项理论知识考试。（√）

47.民用核安全设备焊工、焊接操作工可以同时在两个以上单位执业。（×）

48.根据国家核安全局管理要求，焊工可以自己报名参加取证考试。（×）

49.从事民用核安全设备焊接活动的焊工、焊接操作工理论考试合格后即可进行民用核安全设备焊接活动。（×）

（二）选择题（50）

1.下列说法错误的是_____。（D）

A. 焊接操作工在技能考试时，每面坡口内多层焊考试合格后，可以适用单层焊

B. 自动钨极惰性气体保护焊无稳压系统考试合格后，可以适用有稳压系统的

C. 机械化焊无自动跟踪系统的可以适用有自动跟踪系统的

D. 使用气焊方法进行焊接时，左焊法和右焊法可以相互覆盖

2.关于实心焊丝和药芯焊丝，下列说法正确的是_____。（D）

A. 实心焊丝和药芯焊丝可以相互覆盖

B. 药芯焊丝考试合格后可以覆盖实心焊丝

C. 实心焊丝考试合格后可以覆盖药芯焊丝

D. 实心焊丝和药芯焊丝不能相互等效

3.焊工项目考试中焊工焊接操作的技术依据是_____。（A）

A. 考试用焊接工艺规程　　B. 焊接工艺评定报告

C. HAF603法规　　D. 质量计划

4.申请考试焊工应至少具有_____文化程度或同等学历，身体健康，能严格按照焊接工艺规程进行操作，独立承担焊接工作。（B）

A. 小学毕业　B. 初中或初中以上　C. 高中　D. 大专

5.关于弯曲试样，下列说法错误的是_____。（D）

A. 弯曲试样应从无损检验中发现的缺陷最多的区域切取

B. 堆焊侧弯试样宽度至少应包括堆焊层全部、熔合线和基层热影响区

C. 弯曲试样上的余高及焊缝背面的垫板应用机械方法去除

D. 面弯和背弯试验的拉伸面应平齐，但不需要保留母材的原始表面

6.下列弯曲试验结果可能判定为合格的是_____。（D）

A. 拉伸面的横向裂纹长度为1.6 mm

B. 拉伸面的纵向缺陷长度为3.2 mm

C. 拉伸面的横向缺陷长度为2.8 mm

D. 试样棱角发生开裂

7.在焊工资质管理中的焊接位置代号PC代表_____。（B）

A. 平焊　B. 横焊　C. 仰焊　D. 横角焊

8.在焊工资质管理中的焊接位置代号PE代表_____。（C）

A. 平焊　B. 横焊　C. 仰焊　D. 横角焊

9.HAF603规定，外径小于76 mm的管材坡口焊缝必须进行_____。（C）

A. 微观金相检验 B. 宏观金相检验 C. 通球检验 D. 化学分析

10.HAF603规定，手工焊的板状试件两端________内的缺陷不计。（C）

A. 30 mm　　B. 40 mm　　C. 20 mm　　D. 25 mm

11.考试用试件的坡口表面和坡口两侧各________范围内应当清理干净，去除铁屑、氧化皮、油、锈和污垢等杂物。（D）

A. 30 mm　　B. 40 mm　　C. 20 mm　　D. 25 mm

12.堆焊焊道高度差应小于或等于_____。（C）

A. 3 mm　　B. 2.5 mm　　C. 1.5 mm　　D. 1 mm

13.各种焊缝表面不得有裂纹、未熔合、夹渣、______、焊瘤和未焊透。（C）

A. 咬边　　B. 背面凹坑　　C. 气孔　　D. 错边

14.HAF603规定，焊缝两侧咬边总长度不得超过焊缝总长度的______。（D）

A. 25%　　B. 15%　　C. 20%　　D. 10%

15.对于耐蚀堆焊焊接操作工技能考试，当焊道熔敷宽度大于13 mm时，首层堆焊应至少由_____个焊道组成。（C）

A. 1　　B. 2　　C. 3　　D. 4

16.在焊工项目考试中，考试试件的目视检验应当由______人员按规定的程序进行。（D）

A. 技能教师　　B. 主考人　　C. 监考人　　D. VT资格证

17.依据HAF603进行外观检验时，下列不属于必须检验的项目是_____。（D）

A. 正面余高　　B. 正面宽度　　C. 背面余高　　D. 背面宽度

18.HAF603规定板材的立向上焊接的焊接位置用_____表示。（B）

A. PA　　B. PF　　C. PB　　D. PG

19.根据民用核安全设备焊工管理规定，下列________未列入技能变素。（A）

A. 保护气体种类　　B. 焊接方法　　C. 焊接位置　　D. 焊接材料

20.关于宏观检验下列说法错误的是_____。（C）

A. 没有裂纹、未熔合、未焊透

B. 气孔或夹渣的最大尺寸不得超过1.5 mm

C. 气孔或夹渣大于0.5 mm，不大于1.5 mm时，其数量不得多于2个

D. 只有小于或等于0.5 mm的气孔或夹渣时，其数量不得超过3个

21.焊接位置PF（管）的适用范围不包括_____。（B）

A. PA　B. PC　C. PD　D. PE

22.焊工项目考试板状试件的焊后变形角度应_____。（C）

A. ≤1°　B. ≤2°　C. ≤3°　D. ≤4°

23.下列焊接缺陷在焊工项目考试时允许少量存在的是_____。（B）

A. 裂纹　B. 咬边　C. 未熔合　D. 未焊透

24.焊工焊接板状试件的考试结果适用于外径大于或等于_____的管材；PA、PB、PC位置板材考试合格后，适用于管外径大于或等于_____的管材。（A）

A. 500 mm、150 mm　B. 300 mm、150 mm

C. 300 mm、200 mm　D. 500 mm、200 mm

25.关于热交换器或蒸汽发生器管板焊接考试，下列说法错误的是_____。（C）

A. 焊接位置只对评定位置有效

B. 母材钢种的要求同焊接工艺评定

C. 管子的公称直径或管壁厚度超过考试时采用的管子的10%，焊工不需要重新考试

D. 填充材料的使用、取消及增加另外一种填充金属均应重新考试

26.关于摩擦焊考试，下列不属于必须检查焊接操作工的工作能力是_____。（D）

A. 焊机装料　B. 校正焊机　C. 检查记录图表　D. 检查焊材尺寸

27.下列不属于HAF603规定的8个技能要素类别的是_____。（D）

A. 焊接材料　B. 焊缝形式　C. 焊接位置　D. 保护气体

28.焊工项目考试中，不使用的破坏性试验方法是_____。（B）

A. 弯曲试验　B. 冲击试验　C. 金相检验　D. 断口检验

29.焊工基本理论知识考试满分为100分，不低于____分为合格。（A）

A. 60　　B. 70　　C. 80　　D. 90

30.HAF603规定，管板或接管角焊缝凸度或凹度应不大于____。（B）

A. 1 mm　　B. 1.5 mm　　C. 2.5 mm　　D. 3 mm

31.关于焊缝形式，下列说法错误的是_____。（A）

A. 焊缝形式分为坡口焊缝和角焊缝

B. 坡口焊缝试件分为带衬垫和不带衬垫两种

C. 双面焊、部分焊透的坡口焊缝均视为带衬垫

D. 不带衬垫试件考试合格后可以覆盖带衬垫

32.关于螺柱焊考试，下列说法错误的是_____。（D）

A. 仰焊位置考试合格后，适用于任何位置的试件

B. 横焊位置考试合格后，仅适用于横焊位置

C. 平焊位置考试合格后，仅适用于平焊位置

D. 横焊位置考试合格后，适用于横焊、平焊位置

33.关于填充金属，下列说法正确的是_____。（A）

A. 带填充金属的考试合格后，不带填充金属的焊接可免考

B. 不带填充金属的考试合格后，带填充金属的焊接可免考

C. 带填充金属与不带填充金属考试合格后不可以互相免考

D. 以上说法均错误

34.使用气焊方法进行考试时，下列说法正确的是_____。（D）

A. 左焊法考试合格后，右焊法可以免考

B. 右焊法考试合格后，左焊法可以免考

C. 左焊法、右焊法考试合格后可以相互免考

D. 左焊法、右焊法考试合格后不能相互免考

35.关于坡口焊缝，下列说法正确的是_____。（D）

A. 单面焊/不带衬垫可以覆盖双面焊

B. 单面焊/不带衬垫可以覆盖单面焊/带衬垫

C. 双面焊与单面焊/带衬垫可以相互覆盖

D. 以上说法均正确

36.焊工项目代号中ml代表_____。（A）

A. 多层焊　　B. 双面焊　　C. 单面焊　　D. 带衬垫

37.焊工项目代号中bs代表_____。（B）

A. 多层焊　　B. 双面焊　　C. 单面焊　　D. 带衬垫

38.使用挡板进行项目考试时，考试试件的厚度要大于____。（B）

A. 10 mm　　B. 20 mm　　C. 25 mm　　D. 50 mm

39.焊接位置PF(板)的覆盖范围为_____。（C）

A. PF(板)

B. PF(板)、PA

C. PF(板)、PA、PB

D. PF(板)、PA、PB、PC

40.焊接位置PG(板)的覆盖范围为_____。（A）

A. PG(板)

B. PG(板)、PA

C. PG(板)、PA、PB

D. PG(板)、PA、PB、PC

41.在焊工资质管理中的焊接位置代号PG代表_____。（D）

A. 平焊　　B. 仰焊　　C. 立向上　　D. 立向下

42.在焊工资质管理中的焊接位置代号PF代表_____。（C）

A. 平焊　　B. 仰焊　　C. 立向上焊　　D. 仰焊

43.在焊工资质管理中的焊接位置代号PA代表_____。（A）

A. 平焊　　B. 仰焊　　C. 横焊　　D. 立焊

44.HAF603规定，板状试件焊后变形的角度应不大于3°，试件的错边量不大于板厚的_____且不大于2 mm。（B）

A. 20%　　B. 10%　　C. 15%　　D. 25%

45.HAF603规定管外径大于或等于32 mm时，通球直径为管内径的_____。（D）

A. 75%　　B. 60%　　C. 80%　　D. 85%

46. 根据国家核安全局的最新管理要求，焊工焊接操作工的资格证书有效期为_____。（B）

A. 3年　B. 4年　C. 5年　D. 6年

47.采用手工钨极氩弧焊方法考试时，若试件母材钢号为0Cr18Ni9，考试合格后，可焊接母材类别为_____。（A）

A. Ⅵ　B. Ⅰ　C. Ⅲ　D. Ⅷ

48.焊工考试用试件上应标识_____。（A）

A. 考试试件编号　B. 不需要任何标识

C. 标识焊工姓名　D. 无要求

49.不属于HAF603中的基本焊缝分类的是_____。(B)

A. 坡口焊缝　B. 搭接焊缝　C. 角焊缝　D. 堆焊焊缝

50.在焊工资质管理中管-板接头是_____。(C)

A. P接头　B. T接头　C. P-T接头　D. T-T接头

五、民用核安全设备活动及经验反馈

一、判断题（32）

1.焊工项目考试时对气体流量计的摆放没有要求。(×)

2.焊工项目考试当焊缝表面成形不良时，焊工可对焊缝及热影响区进行局部抛磨后重新补焊。(×)

3.焊工项目考试中任何接头形式的考试试件均无需通球试验，是由于试验并不影响考试结果。(×)

4.焊工项目考试参考焊工改变焊接位置，降低考试难度只要不被发现都是可以的。(×)

5.常规焊工项目考试过程，因客观原因不能录像的，考试结果成绩依然有效。(×)

6.焊工项目考试时，损坏的焊条应及时扔掉，防止误用。(×)

7.焊工在领取焊材前应该先对焊条保温桶进行预热。(√)

8.在焊工考试装配时，焊工可以相互帮助装配试件以及调节焊接参数。(×)

9.焊工在焊工项目考试前应认真阅读焊接工艺规程，核对母材、焊

材的相关信息。(√)

10.焊工项目考试时，焊条要随用随取，焊条保温桶盖要及时闭合。(√)

11.焊工项目考试时如发现层间温度低于规程要求，无需进行加热，应该立即施焊。（×）

12.焊工项目考试时，由于不小心把试件焊接位置放错并已焊接，经纠正后考试依然有效。(×)

13.焊工项目考试时，焊接位置要求为平焊，某参考焊工技能水平高，采用仰焊焊接，提高难度进行考试是被认可的。(×)

14.焊工项目考试试件表面最后一层不允许修磨和返修。(√)

15.拟从事民用核安全设备制造和安装活动的焊工，具有常规压力容器资质证书即可开展核级产品的焊接活动。(×)

16.取得民用核安全设备焊工资质的焊工不得从事其资格证书适用范围以外的核安全设备焊接活动。(√)

17.焊缝返修时不一定需要具有相应资格的焊工担任。(×)

18.取得民用核安全设备焊工资质的焊工已具有一定焊接水平，所以对施焊过程不用再进行监督检查。(×)

19.核安全设备焊接活动，如果错用焊条，只要打磨掉相应的焊缝即可。(×)

20.在核安全设备焊接活动中，允许存在焊工资质过期和超范围焊接活动。(×)

21.部分单位由于焊工、焊接检查员和技术人员数量不足，焊接数据包或相关管理制度的审核批准可以由非焊接专业人员执行。(×)

22.焊材管理控制不严格不影响焊工考试质量，如不完全满足采购技术要求，未进行焊材复验或验收报告检验项目缺项等。(×)

23.焊材库温湿度控制不规范，保温箱、烘干箱和保温桶使用不规范往往容易被忽视。(√)

24.焊材烘干、发放和回收操作不到位，或记录不完整，账物不符等问题应高度重视，避免因此造成的质量问题。(√)

25.焊接操作规程要求不明确，缺乏可操作性，焊工可以拒绝施

焊。(√)

26.焊接工艺执行不到位，为加快速度，自行变更焊材规格、修改既定工序，只要不被监督人员发现都是没问题的。(×)

27.补焊操作无需编制补焊工艺文件。(×)

28.施焊时无支持的工艺评定可以先进行焊接，后续再补充相应的工艺评定即可。(×)

29.焊缝返修次数没有要求，只要检验合格即可。(×)

30.对缺陷处理不能仅就事论事，应对根本原因进行分析，避免同类问题重复发生。(√)

31.补焊无需作任何记录。(×)

32.核安全设备持证单位应加强焊工和焊材库管理，对违规补焊行为实行一票否决制度。(√)

（二）选择题（16）

1.核岛主设备中承压铸件的补焊焊工应进行_____。（A）

A. 对接焊缝考试　　B. 角焊缝考试

C. 搭接焊缝考试　　D. 堆焊焊缝考试

2.焊工管理由聘用单位负责，以下不是其负责管理工作的是_____。（A）

A. 焊工项目考试　　B. 焊工选拔

C. 焊工考核报名　　D. 连续操作记录管理

3.关于项目考试试件打磨，以下说法错误的是_____。（B）

A. 试件交检表面应保持原始状态

B. 试件交检后，按标准检测结果不合格，允许参考焊工对试件表面进行返修

C. 参考焊工最后一层之前的焊缝打磨是被允许的

D. 目视检测后，如后续探伤需要，经主考人同意，可对焊缝表面进行打磨

4.关于人员管理，以下说法正确的是_____。（C）

A. 焊工在资质过期后仍然可以进行焊接活动

B. 水平高的焊工可以超范围进行焊接活动

C. 焊接数据包应由焊接专业人员审核

D. 焊接检查员和技术人员数量不足可由非焊接专业人员代替

5.关于焊材管理，以下说法正确的是_____。（B）

A. 焊材验收报告检验项目缺项不影响该焊材使用

B. 焊材烘干、发放和回收应记录完整，账物相符

C. 焊材库温湿度控制不规范不影响焊材使用

D. 保温箱、烘干箱和保温桶使用不规范不影响焊材使用

6.关于程序制度执行，以下说法正确的是_____。（D）

A. 焊接工艺规程是经验总结，可以不执行

B. 操作者随意修改既定工序

C. 施焊过程自行变更焊材规格

D. 补焊必须编制补焊工艺文件

7.下列_____行为在焊工考试过程中是违规行为的。（B）

A. 从焊条保温筒内取用焊条　　B. 砂轮打磨盖面焊道

C. 按工艺规程要求焊接　　D. 气体流量计垂直放置

8.对于带挡板的考试项目，以下说法错误的是_____。（D）

A. 考试过程中，挡板的坡口开度和深度应模拟实际产品

B. 考试过程中，不应该随意改变坡口开度和深度

C. 在实施盖面焊时，应该去掉挡板

D. 考试过程中，可以挪动挡板，改变挡板距离坡口的位置

9. 在钨极氩弧焊时，如不慎使钨极与焊丝相碰，将产生很大的飞溅和烟雾，这时焊工应该_____。（D）

A. 无需处理

B. 电弧不能中断，继续施焊

C. 钨极与焊丝相碰处重熔修补后，继续焊接

D. 立即停止焊接，并打磨被污染处，磨好钨极后继续焊接

10.下列说法正确的是_____。（D）

A. 持续开展警示教育，不断提高全员质量意识和核安全文化水平

B. 健全管理制度，规范管理和完善制度，加强各环节控制

C. 组织开展岗位培训，加强管理，对违规补焊行为实行一票否决制

D. 以上均正确

11.关于焊工项目考试作弊，下列说法错误的是_____。（D）

A. 对于作弊行为的焊工取消考试资格

B. 对于作弊行为的焊工停考1年

C. 应加强焊工考核管理，杜绝同类事件发生

D. 对于玩忽职守工作人员，可不作处理

12.关于焊工项目考试作弊行为的认识，下列说法错误的是______。（D）

A. 加强聘用单位核级焊工的核意识、核文化培训，做到不弄虚作假

B. 加强考核中心人员培训，加强人员业务、法规文件的培训和学习

C. 加强焊工考核管理，重视考核过程的质量控制，进一步细化大纲和程序的要求

D. 焊工项目考试作弊对被处罚的焊工影响较大，对聘用单位没有影响

13.在焊接活动中，影响质量的因素很多，但是第一位的是______。（B）

A. 环境因素　　B. 人的因素　　C. 安全因素　　D. 管理因素

14.为了保证焊接质量，焊工每次应按______需用的焊条数量领用。（A）

A. 当班　　B. 2天　　C. 3天　　D. 5天

15.核级不锈钢产品在制造过程中应采取有效防护措施，如应将不锈钢产品与_____隔离。（B）

A. 不锈钢　　B. 碳钢　　C. 木板　　D. 防护膜

16. 焊接设备在使用过程中发生故障，焊工的职责是_____。（A）

A. 立即切断电源，通知电工检查修理

B. 立即切断电源，自行检查修理

C. 带电检查修理

D. 立即通知电工检查修理

六、核安全质保知识

一、判断题（38）

1.我国核设施通用质量保证法规是《核电厂质量保证安全规定》（HAF003），是强制执行的法规。（√）

2.民用核安全设备焊工应了解自己在从业单位的质保职责和质保要求，树立质保意识。（√）

3.焊接质量是由质检人员检验出来的，与焊工无关。（×）

4.工作场所出现不同版本的同一程序文件时，应使用有效的、最新版本的该文件。（√）

5.文件可以采用程序规定的任何形式和类型的媒体，媒体可以是纸张，计算机磁盘、光盘或其他电子媒体，照片或标准样品或它们的组合。（√）

6.物项是零件、系统、构筑物以及计算机软件的通称，不包括焊材。（×）

7.物项上的标识必须清楚，不能含混和被擦掉。（√）

8.不符合项是指性能、文件或程序方面的缺陷，因而使某一物项的质量变得不可接受或不能确定。（√）

9.服务是指由供方单位进行的工作（例如设计、制造、检查、无损检验、修理或安装等）和由营运单位完成的工作（例如运行、维护和修理）。（√）

10.采购物项和服务时，应采取由承包者提供质量客观证据、对供方进行检查和监查以及物项和服务的交货检验等控制措施。（√）

11.实施各种质量保证工作时都要产生记录，记录是重要的客观证据。（√）

12.质量保证工作记录需由质保人员控制，操作人员（焊工）可以不做任何记录。（×）

13.焊接活动必须按照预先制定并经审、批的文件实施，这样，不至于在焊接活动实施过程中因临时决定如何做而产生差错。（√）

14.作业（工作）程序是具体实施质量活动的程序，一般包括技术要求、质保要求、操作安全和操作所需环境条件等内容。焊工必须按照作业程序实施焊接活动。（√）

15.焊工可以听从生产管理人员的安排，不按照作业程序实施焊接活动。（×）

16.焊工在施焊时可以根据经验自行决定使用焊材的牌号和规格。（×）

17.焊工通过HAF603资格考核取得民用核安全设备焊工资质后，在从事民用核安全设备焊接活动过程中不需要进行再培训。（×）

18.焊工在从事民用核安全设备焊接活动过程中，对《焊接工艺规程》给定的参数有异议时，可以在征得生产管理人员的口头同意后，变更该参数。（×）

19.焊工如果对自己的焊接技能有把握，可以不按照经过批准的焊接工艺文件施焊。（×）

20.焊工在领用焊材和施焊前不需核对焊材和母材的标识。（×）

21.民用核安全设备制造、装配和安装以及使用期间（全过程）均应保持材料、零件和部件（包括部分加工的组件）的标识，焊接过程例外。（×）

22.焊工在一条焊缝施焊过程中，发现领用焊材不够用，可以到其他操作者手中借用同种牌号和规格的焊条。（×）

23.在某道焊接工序完成后，焊工可以暂时不在工艺流转卡签字和注明日期，待该工艺流转卡上的全部工序完工后再补签。（×）

24.按照质量计划中的工序次序完成每个工序操作后，操作人员应及时签名并注明日期。（√）

25.当由于焊接质量发生不符合项，需要对焊缝返修时，操作者可以自行决定依据原《焊接工艺规程》对焊缝进行补焊。（×）

26.焊工在焊接活动开始前，应先根据工艺文件和设备上的标识确

定焊接设备是否适用、完好。（√）

27.民用核安全设备焊工焊接操作工在一个单位取得相应焊工资质后，可以按照班组长的要求从事该单位合格项目以外的焊接活动。（×）

28.《焊接工艺规程》已经修改并生效，而现场还未收到正式颁布的修订文件，此时，焊工应按照文件修改部门的口头指示开展工作。（×）

29.焊接记录的修正和增补，必须按书面程序进行。（√）

30.焊工自己对焊缝质量不满意或发现焊接缺陷时，可以自行挖补，不用通知其他人员。（×）

31.当施工时间紧急时，操作人员可以越过停工待检点（H点）实施下步活动。（×）

32.焊工在施焊过程中要做好焊接记录，记录格式不限。（×）

33.准确真实的施焊记录可以帮助查找焊缝质量不合格的原因。（√）

34.对接触核安全设备表面的任何物项，都必须进行控制，确保其有害元素含量不超标。（√）

35.适用的记录只有在注明日期并经过授权人员签字、盖章或作其他鉴定后方能生效。（√）

36.记录可以是原件，不可以是复印件。（×）

37.文件的变更可以先填写文件修改通知单，说明文件变更的原因和需变更的内容。（√）

38.每个适用的文件都有一个单独的标识。（√）

（二）选择题（42）

1.根据检查方式的不同，检查点一般分为记录确认点（R点）、现场见证点（W点）、停工待检点（H点）等三类。其中停工待检点的含义是_____。（D）

A.到达该点时，由生产人员完成全部检查项目后在进入下一步工序工作

B. 到达该点时，由生产人员完成全部检查项目后，项目质检人员批准后进入下一步工序工作

C. 到达该点时，由生产人员进行规定项目的检查，并请质量检查计划中规定的人员来进行现场监督

D.　到达该点时，由质量计划中规定的人员完成规定的检查项目之后，经过规定部门的批准后才能进入下一步工序继续工作

2.对材料、零件、部件的标识必须_____。（D）

A. 每一次检查前由质量检查部门保持

B. 由使用部门保持

C. 由质保部保持

D. 通过批号、零件号、系列号等反映材料、零件、部件本身内容的方式保持

3.制定和实施质量保证大纲是_____。（D）

A. 质保部门的责任

B. 领导部门的责任

C. 施工工人的责任

D. 从事核电项目的每个参与单位的责任

4.有关人员资格的讨论，下述正确的是_____。（A）

A. 从事影响质量活动的人员需经过培训考核

B. 按质保人员制定的培训大纲培训考核合格

C. 取决于学历和经验

D. 取决于其他行业的要求

5.以下_____不是质量计划的基本要求。（C）

A. 各工序的执行依据

B. 检查点的设置、级别和检查依据要求

C. 工序执行的进度计划

D. 制造和检查获得的质量记录要求

6.以下关于质量保证的基本概念描述错误的是_____。（D）

A. 组织结构必须做到权、责分明

B. 工作接口必须严密

C. 职能和责任的分配必须具有唯一性

D. 同一项工作应该由多人或多组织共同负责，以确保工作质量

7.以下关于质量保证工作的描述正确的是_____。（A）

A. 质量部门应当具有独立的监督权力，不受进度、成本等因素的影响

B. 当质量部门的要求与本部门领导要求发生冲突时，应当一律执行本部门领导的要求

C. 只有在质量部门授权的情况下，才可执行与法规不符的工作

D. 质量部门实施质量保证监督过程中，应综合考虑进度、成本等要素，酌情调整产品的技术或质量要求

8.关于质量记录的可追溯性描述正确的是_____。（B）

A. 质量记录的可追溯性只需确保可分辨记录与实物的对应关系即可

B. 质量记录应保证对产品或服务的源头可进行完整的追溯

C. 质量记录的可追溯性只需确保记录具有唯一可辨别的标识即可

D. 质量记录应确保可追溯到与产品相关的一切信息，即使是零部件的搬运、吊装也应当做好详尽的记录

9.当质量与进度、成本发生冲突时的正确态度是_____。（C）

A. 此类事宜应该由企业管理人员决策

B. 质量保证部门负责对此类问题进行权衡

C. 任何人在核电质量问题面前，均应严守规则，打破一切情面，不受进度、成本的制约

D. 应该凭借自身经验，具体情况具体分析

10.关于质量保证的描述，正确的是_____。（D）

A. 质量保证就是针对已发生的质量问题采取预防措施，防止复发的工作

B. 质量保证工作仅是各核电企业质量保证部门的工作

C. 质量保证工作就是对产品及服务的检验、试验、监督工作

D. 质量保证强调对质量活动的策划，充分体现事前控制

11.以下关于质保体系描述错误的是_____。（D）

A. 为保证质量而规定的和要完成的全部工作综合

B. 使物项和服务的质量满足要求的基础保障

C. 全面质量管理原则

D. 因为外部需要所制定的文件

12.负责质量保证职能的人员和部门必须向级别足够高的管理部门上报，以保证上述必需的权力和_____。（A）

A. 足够的组织独立性　　B. 不受经费限制

C. 不受进度约束　　D. 不受其他部门约束

13.下列说法错误的是_____。（C）

A. 对影响质量的活动中所使用的试验和测量设备在使用之前应标定有效期内

B. 对影响质量的活动中所使用的试验和测量设备在规定的时间间隔必须进行标定和调整

C. 当发现影响质量的活动中所使用的试验和测量设备的偏差超出规定限值时，不需要对以前测量和试验的有效性进行评价

D. 必须制定控制措施，以保证适当地装卸、贮存和使用已标定过的设备

14.所有的质量保证记录必须_____。（A）

A. 字迹清楚、完整、真实，并与所记述的物项或服务相对应

B. 用适于保存的纸，经领导同意后才能填入合适的数据

C. 保存至核电厂的寿期

D. 是原件，不允许是复制件

15.按图施工这是班组必须遵循的原则，如发现图纸与现场情况不符，班组长应_____。（A）

A. 及时通报技术人员，通过变更处理，经正式批准后作为实施依据

B. 及时通报技术人员，并按技术人员意见和/或区长意见进行处理

C. 分析总体处理难易情况，如较易于处理，则即据经验先行处理，然后通报技术人员

D. 请经验丰富人员分析，处理意见上报队长，并按队长批示的意见处理

16.凡是影响核电厂质量的活动都必须按照_____来完成。（A）

A. 适用于该活动的书面程序、细则或图纸　　B. 领导的指示

C. 业主的命令　　D. 工作经验

17.引起质量波动的原因主要来自_____五方面。（A）

A. 人、设备、材料、方法、环境

B. 管理、设备、技术、培训、标准

C. 管理、工艺、设备、制度、技术

D. 机器、标准、培训、工序能力、信息

18.车间流转卡执行规定包括_____。（D）

A. 车间流转卡的修改须严格按照质保程序要求执行

B. 车间流转卡及其适用文件应放到工位上。工人按车间流转卡进行制造，检查员按车间流转卡进行检查和试验

C. 工序完成后，该工序的执行人员应签署姓名和日期，只有在前道工序完工签字后，才能开始下一道工序

D. 以上都正确

19.监造代表对您正在进行的相关工作提出质疑时，您应采取的质量措施为_____。（D）

A. 拒绝回答

B. 根据师傅传授的工作技巧做出判断

C. 根据多年工作经验判断并做出回答

D. 根据工作要求文件规定做出回答

20.对于奥氏体不锈钢和镍铬合金的物质，在制造过程中应禁止_______、汞等污染物的接触。（D）

A. 铜　　B. 铅

C. 锡　　D. 以上都是

21.记录控制要求，当需要对记录修改时，_____。（A）

A. 应划改　　B. 应刮改

C. 应涂改　　D. 应撕毁

22.开展焊接操作时，我们应该_____。（D）

A. 应随时监控进展情况，记录过程监控数据，当发现问题或怀疑问题时应立即停止工作，采取适宜的保护措施，向车间报告

B. 操作人员操作完成后立即签署车间流转卡相关工序，完成相关活动报告，将值得注意的事项写入交班记录中

C. 在焊接车间评定报告的范围内，安排评定合格的焊工，使用合适的焊材，选用合适的设备和工具，按照焊接工艺等要求，开展焊接活动，控制预热温度、层间温度，并如实记录焊接过程参数，填写生产焊缝数据单和焊接参数报告

D. 以上均是

23.关于清洁度的质保要求描述不当的是_____。（D）

A. 必须对核电清洁度用品的适用产品表面范围、使用时机和有害元素限定值等作出规定

B. 应提供核电清洁度用品的有害元素分析报告

C. 制造车间负责对各级清洁区作出明显标识，并明确清洁区的管理要求

D. 清洁度检查工作可以由操作人员实施

24.我国核电厂建设质量保证依据法规是_____。（B）

A. ISO9000　　B. HAF003

C. CNNC[1998]6号文　　D. IAEA50–C–QA

25.合格的仪器应具备_____。（D）

A. 合适的量程　　B. 适当的精度和准确度

C. 正确的型号　　D. 以上都是

26.永久性记录保存期限应为_____。（B）

A. 10年　　B. 产品寿期

C. 20年　　D. 50年

27.核安全法规HAF003是_____。（A）

A. 强制执行文件　　B. 参考性文件

C. 指导性文件　　D. 以上说法都不正确

28.对核设施的核安全与辐射环境安全负有最终责任的是_____。（A）

A. 营运单位　　B. 主管部门

C. 进行操作的工作人员　　D. 相关核安全设备的制造单位

29.通过质量保证，促进达到质量要求的途径是_____。（D）

A. 确定所要求的技能

B. 选择合格的人员使用适当的设备

C. 明确承担任务者的个人职责

D. 以上都是

30.如发现不符合物项，必须＿＿＿。（A）

A. 用标记、标签或实体分隔的方法加以标识

B. 按明文程序清洗、包装交库

C. 保存下来作为管理者定期审查时用于评价质量保证大纲有效性

D. 置于一旁不予过问

31.材料、零件和部件的标识和控制属于＿＿＿。（A）

A. 物项控制　　B. 采购控制

C. 检查和试验控制　　D. 工艺过程控制

32.在完成某一特定工作中，对要达到的质量负主要责任的是该工作的承担者，而不是那些验证质量的人员。以下＿＿＿岗位不属于验证质量的岗位。（D）

A. 目视尺寸检验　　B. 射线检验

C. 理化检验　　D. 工段管理者

33.质量保证的含义是＿＿＿。（C）

A. 担保质量

B. 全部检查、检验、审查活动

C. 为使物项或服务与规定的质量要求相符合并提供足够的置信度所必需的一系列有计划的系统的活动

D. 为使物项或服务与规定的质量要求相符合并提供足够的置信度所必需的一系列文件

34.物项标识的作用是为了＿＿＿。（A）

A. 在各种场合下防止使用不正确的或有缺陷的物项

B. 防止账物不一致

C. 防止误操作

D. 使检查和维修人员能够及时准确找到有缺陷物项

35.依据HAF 003及其导则要求，质量保证记录分为＿＿＿。（B）

A. 过渡性记录、永久性记录

B. 永久性记录、非永久性记录

C. 重要记录、一般记录

D. 永久性记录、临时性记录

36.物项是_____。（D）

A. 服务、软件、产品、流程性材料

B. 硬件、软件、产品等物资

C. 材料、零件、部件、系统、构筑物的通称

D. 材料、零件、部件、系统、构筑物以及计算机软件的通称

37.当发现测量和试验设备的偏差超出规定限值时，必须________。（C）

A. 对使用该设备的检查和试验人员进行培训

B. 调整测量和试验设备后再开展工作

C. 对以前测量和试验的有效性进行评价，并重新评定已试验物项的验收

D. 换用合格的测量和试验设备

38.对不符合物项处置的方式有_____。（A）

A. 不加修改地接收、拒收、修理或返工

B. 不作修改地接收，修理

C. 返工，不作修改地接收

D. 拒收

39.质量保证活动是一种有效的管理，它是_____。（A）

A. 全过程的管理　　B. 针对某一过程的管理

C. 柔性的管理　　D. 以上都不正确

40.焊工领用、退回焊材时，_____。（A）

A. 需要登记　　B. 不需要登记

C. 自己取用　　D. 使用自带焊材无需登记

41.焊工在焊接过程中焊接工艺规程应该_____。（B）

A. 不带焊接工艺规程　　B. 放在施工场地处

C. 放在办公室　　D. 无所谓

42.质保监查分为内部监查和外部监查，营运单位质保监查部门对分包单位（供方）进行的是_____。（B）

A. 内部监查　　B. 外部监查

C. 内、外部联合监查　　D. 无权监查

七、民用核安全设备及焊接知识

（一）判断题（143）

1.目前我国广泛使用的核电厂制造规则有美国的ASME规范及法国的RCC–M标准。(√)

2.搭接接头由于钢板之间连接的面积较多，所以是一种强度较高的接头形式。(×)

3.大部分焊接结构的失效是由气孔所引起的。(×)

4.奥氏体不锈钢中的镍含量越高，越易形成奥氏体组织，钢的耐蚀性越好。(√)

5.低氢钠型和低氢钾型药皮焊条的熔敷金属都具有良好的抗裂性能和力学性能。(√)

6.低氢钠型药皮的焊条只能选用直流弧焊电源。(√)

7.E5515焊条中的“55”表示熔敷金属的抗拉强度最大值为550 MPa。(×)

8.焊缝表面上所覆盖的熔渣主要对焊缝金属起到保温缓冷和防氧化等作用。(√)

9.磷是钢中的杂质元素,它能提高钢的脆性转变温度,产生冷脆。(√)

10.一般来讲，钢材的碳当量越大，则材料的焊接性越差，越不需要热处理。(×)

11.我们常用的RT、UT和PT检验均属于无损检验。(√)

12.民用核安全设备是指在民用核设施中使用的执行核安全功能的设备。(√)

13.核安全设备的设计基准不仅要考虑在正常运行条件下能可靠地

执行其规定的功能，而且还必须考虑在事故工况下仍能可靠地执行其规定的安全功能。(√)

14.民用核安全设备行业标准，由国务院核行业主管部门组织拟定。(√)

15.核反应堆主要由反应堆压力容器，燃料组件，堆内构件和控制棒驱动机构等组成。(√)

16.反应堆压力容器长期工作在高温、高压、含硼酸水介质和高放射性辐照的条件下，属于在核电厂整个寿期内不可更换的设备。(√)

17.按我国的使用习惯，可以依据金属成份将金属材料分成无色金属和有色金属。(×)

18.强度是在外力作用下，材料抵抗塑性变形和断裂的能力。(√)

19.塑性是指金属材料在外力作用下产生永久变形而不致引起破坏的性能。(√)

20.ASME规范对核安全设备用钢的要求，与RCC－M不同，ASME没有见证件的要求，对试料和试样的保存期限没有特殊规定。(√)

21.核安全1级机械设备的部件和焊接接头大都是压力边界的组成部分，这些接头的焊接质量直接影响反应堆冷却剂系统的完整性和运行的可靠性，一旦出现破裂将可能带来严重的放射性释放后果。(√)

22.碳的质量分数小于2.11%的铁碳合金称为铸铁。(×)

23.不锈钢复合钢板焊接时，坡口一般都开在复层（不锈钢）上。(×)

24.钛合金的焊接方法很多，气焊、焊条电弧焊、埋弧焊、氩弧焊、真空电子束焊等都能得到很好的焊接质量。(×)

25.钛合金组焊时，焊工必须戴洁净的手套，用铁器敲打。(×)

26.奥氏体不锈钢和珠光体钢焊接接头焊后热处理，可以阻止碳的扩散。(×)

27.16 Mn钢的“16”代表钢中碳的质量分数平均值为16%。(×)

28.铸铁焊补时，为了防止裂纹扩展，应在裂纹端部钻止裂孔。(√)

29.焊接接头冲击试验的目的是用以测定焊接接头各区域的冲击吸收功。(√)

30.焊接16 MnR低合金结构钢不用焊前预热。(×)

31.铝镁合金及铝锰合金耐腐蚀性好，所以称为防锈铝。(√)

32.钛及钛合金焊接目前应用最广泛的方法是焊条电弧焊。(×)

33.异种钢焊接时，焊缝的成分取决于焊接材料。(×)

34.压力容器由于开孔，筒体强度将被削弱，同时影响容器的疲劳寿命。(√)

35.渗透检验和射线检验是用来检测焊接接头内部缺陷的。(×)

36.用渗透检验可以发现焊件的表面裂纹。(√)

37.碳当量法是一种粗略估计低合金钢冷裂纹敏感性的方法。(√)

38.压水堆核电厂系统中反应堆压力容器包容和固定堆芯及堆内构件，作为一回路冷却剂的重要压力边界，起着防止裂变产物逸出的作用。(√)

39.碱性焊条工艺性能差，对油、锈及水分很敏感，因此一般不能用于重要结构焊接。(×)

40.RCC-M法规S7000规定焊条的横向摆动宽度一般不超过焊条直径的4～5倍。(×)

41.在生产实际中，为提高自动钨极氩弧焊的焊接质量，氩气流量应越大越好。(×)

42.对于焊条电弧焊，在引弧处较易产生缺陷。(√)

43.超声波探伤对裂纹、未熔合等缺陷有较高的探测灵敏度，但对气孔等表面光滑的球形缺陷灵敏度低，对缺陷不直观。(√)

44.蒸汽发生器（SG）是压水堆核电厂一回路和二回路之间的枢纽，它将反应堆产生的热量传递给二回路，将二回路的给水变成蒸汽，推动汽轮机做功。(√)

45.按照焊接过程的特点，焊接分为熔焊、压焊和钎焊三大类。(√)

46.焊接接头通常是由焊缝、熔合区两部分组成。(×)

47.焊条的选择原则：一般的碳钢和低合金钢按等强度的原则选取；对于特殊性能要求的重要构件应选用能保证熔敷金属的性能与母材相近的焊条。(√)

48.磁粉检验可以检测不锈钢材料的表面和近表面缺陷。(×)

49.超声波检验（UT）和射线检验（RT）均能检查工件的内部缺陷。(√)

50.核岛主设备中稳压器属于核安全Ⅱ级设备。(×)

51.核岛主设备所用重型支撑由于不是压力边界部件，故不属于核安全设备。(×)

52.焊条按熔渣酸碱性分类可分为酸性焊条和碱性焊条。(√)

53.焊后热处理的目的主要有松弛焊接残余应力、稳定结构的形式和尺寸、改善焊接接头的组织和性能。(√)

54.使用手工钨极氩弧焊焊接钢、钛、镍及高温合金时多采用直流反极性。(×)

55.带极电渣焊堆焊的主要优点是：稀释率低、焊缝缺陷少，外观成型好、经济效果好。(√)

56.焊接接头形式主要有对接接头、T形接头、角接接头、搭接接头4种，其次还有十字接头、卷边接头、端接接头、锁底接头和套管接头等。(√)

57.核级不锈钢产品在制造过程中应采取有效防护措施与碳钢隔离。(√)

58.ASME规范焊接工艺评定重要变素是指影响焊接接头力学性能（除冲击韧性外）的焊接条件的某一变化。(√)

59.焊条药皮组成物中脱氧剂的主要作用是冶金处理，改善焊接工艺性能。(√)

60.不锈钢堆焊时，某些元素可能从焊剂向熔池过渡，所以要求进一步降低填充材料中C、S、P的含量。(√)

61.钨极氩弧焊堆焊的特点是稀释率高。(×)

62.焊接工艺参数就是焊接时，为保证焊接质量而选定的诸物理量（如焊接电流、电弧电压、焊接速度、线能量等）的总称。(√)

63.E5015焊条焊接时采用直流正接。(×)

64.按焊条药皮的主要成分可以确定焊条的药皮类型，主要有钛型、钛钙型、氧化铁型、纤维素型、低氢钠型等。(√)

65.通常所说的焊条直径和长度就是指焊芯和药皮整体的长度和直

径。(×)

66.核安全1级设备包括组成反应堆冷却剂系统压力边界的所有设备。(√)

67.电子束焊可以一次焊透400 mm的钢板，焊道的深宽比可以高达50:1。(×)

68.普通结构钢主要是碳素结构钢和低合金结构钢，磷含量小于0.045%，硫含量小于0.050%。(√)

69.Q345表示标准抗拉强度值为345 MPa。(×)

70.锤击焊道表面可使前一层焊缝不同程度地晶粒破碎，提高焊缝金属的韧性。(√)

71.在氩弧焊作业中，我国推荐采用铈钨极。(√)

72.奥氏体不锈钢的含碳量为0.02%～0.03%时，则全部碳溶解在奥氏体中，即使加热至450～850 ℃时，也不会形成贫铬区，故不会产生晶间腐蚀。(√)

73.因为安全壳有对内密封，对外防护的作用。因此，所有核电厂都必须采用混凝土加钢衬里的建筑结构。(×)

74.手工钨极氩弧焊时，为减少对人体危害，应尽量选用无放射性的钍钨棒来代替有放射性的铈钨棒。(×)

75.熔化极气体保护焊通常根据保护气体种类和焊丝形式的不同分为熔化极惰性气体保护焊、熔化极混合气体保护焊和二氧化碳气体保护焊。(√)

76.等离子弧焊根据焊缝成形原理可分为小孔型等离子弧焊和熔透型等离子弧焊。(√)

77.埋弧焊时，焊丝前倾角小，则焊缝熔宽大，熔深浅。(×)

78.后热处理目的主要是使焊缝中的扩散氢迅速逸出，降低焊缝和热影响区的氢含量，防止产生冷裂纹。(√)

79.在焊接接头中，最薄弱的区域是熔合区和过热区。(√)

80.核安全机械设备的分级是根据支持功能的安全重要性将机械设备分成1E级（安全级）和非1E级（非安全级）两个级别。(×)

81.钨极端部形状对焊接电弧燃烧的稳定性及焊缝的成形影响很

大。使用交流电时，钨极端部应磨成半球形；使用直流电时，钨极端部呈锥形或截头锥形。(√)

82.钨极端部的锥度也影响焊缝的熔深，减小锥角可增加焊道的宽度，减小焊缝的熔深。(×)

83.AP1000主管道使用的材料为TP316LN，其中L表示超低碳，N表示控氮钢。(√)

84.预热是防止低合金钢焊缝产生冷裂纹和热影响区出现淬硬组织最有效的措施。(√)

85.熔合比对焊缝组织性能的影响与焊接材料和母材的化学成分有关。一般坡口角度越大，熔合比就越小；焊接热输入越大，熔合比越小。(×)

86.焊工在领用焊条时，应先将保温筒通电加热，在筒内温度达到要求后，方能将已经烘干或首次开封的焊条放进焊条筒，供焊接使用。(√)

87.在焊工进行焊接操作过程中，由于焊接工艺规程中包含工艺评定的非重要变素，所以焊工可以在必要时变更焊接工艺规程的规定进行操作。(×)

88.马氏体不锈钢焊接接头，产生晶间腐蚀的倾向很大。(×)

89.当焊缝经无损检验发现有超标缺陷需要返修时，首先确认焊接缺陷性质、位置，并查明原因，然后按返修焊接工艺规程进行焊接。(√)

90.对于核安全设备同一部位返修次数一般不做限制。(×)

91.氩弧焊中使用的保护气体Ar,属于消耗性材料，所以不需要提供质量证明文件。(×)

92.在焊接含碳、硫、磷含量较高的合金钢母材时，应该选用抗裂性较好的低氢型焊条。(√)

93.二氧化碳气体保护焊在其他参数不变的条件下，焊丝干伸长过短时，会出现熔深变大、使焊工观察电弧困难，所以实际焊接时，焊丝干伸长越长越好。(×)

94.焊钳主要起夹持焊条和传导焊接电流的作用。(√)

95.气体保护焊中，保护气体只起到了保护熔池的作用。(×)

96.按照GB/T5118《低合金钢焊条》标准，焊条采用字母ER表示。(×)

97.控制棒驱动机构耐压壳与管座之间的Ω密封环焊接十分重要，因为其焊接难度高，又是压力边界且在安装现场进行。(√)

98.焊接工艺评定只要依据了核电标准，就可以使用于所有相关的核安全设备。(×)

99.蒸汽发生器的下封头内壁与冷却剂接触表面堆焊5～6 mm厚的不锈钢覆盖层，以降低腐蚀，使冷却剂保持良好的水质和较低放射性水平。(√)

100.核电厂一回路主设备压力容器主焊缝的焊接特点是筒节壁厚较厚，要进行多层焊接，由于内应力的积累，焊缝区残余应力较大，容易导致冷裂纹等焊接缺陷的产生。(√)

101.筒节和封头不锈钢堆焊是连续施焊，需对筒节和封头进行整体预热。(√)

102.奥氏体不锈钢承压铸件的补焊挖补的凹槽宽度越大越好，深度视缺陷情况而定，底部需圆滑过渡，不允许产生锐角。(×)

103.管接头与筒体的直径比大于1/3时，如采用马鞍形接管埋弧焊机焊接，需先用焊条电弧焊在较低处焊接、使整个马鞍坡口内最高点和最低点能平滑上下焊接。(√)

104.由于控制棒导向管壁薄而且焊接后不能再进行机加工，所以一般采用真空电子束焊接保证其尺寸精度和预防变形。(√)

105.对于管子管板封口焊，只要每天考试焊接前在试验件上先进行3～5个焊口的试焊，就可以不记录焊接参数。(×)

106.焊接工艺评定或焊接工艺规程中焊接参数计算错误，评定过程不符合工艺要求，该评定应判定为无效工艺评定。(√)

107.直流反极性TIG焊时，钨极熔化和烧损比直流正极性严重。(√)

108.电子束焊时，随着束流的增加，焊道的熔深也增加，且增长的速率较大。(×)

109.埋弧焊时，由于采用了较大的焊接电流和焊接速度，因而减少

了生成气孔的倾向。(×)

110.药芯焊丝二氧化碳气体保护焊，由于药芯的作用，熔滴的过渡特性得到改善，其过渡形式可实现喷射过渡。(√)

111.焊条电弧焊时，药皮的类型决定焊接电源的种类，低氢钠型焊条可以采用直流反接或交流。(×)

112.焊条电弧焊时，根据焊条药皮种类和性质选择电源，低氢钠型焊条，如E5015焊条需选用直流电源。(√)

113.焊条电弧焊时每层焊接厚度越厚越好，焊接效率也会越高。(×)

114.焊条电弧焊时一般认为接地线处离施焊处位置越近，则偏吹越小。(√)

115.管子管板端面焊接有凸出式、埋管式、平齐式和管板开槽式四种型式。(√)

116.焊条电弧焊在选择焊接电流时主要依据待焊工件的焊接量大小。(×)

117.无论采用直流电源还是交流电源，焊件接入焊接电源输出端的正极，焊条接入焊接电源输出端的负极，这种接线方法叫正接。(×)

118.为提高自动钨极氩弧焊的焊缝质量，氩气流量应越大越好。(×)

119.埋弧焊弧长增大时，焊丝熔化速度增大，弧长缩短时，焊丝熔化速度下降。(×)

120.带极埋弧堆焊每一条焊道完成后，无须对整个焊道凸起边缘和弧坑处进行修磨。(×)

121.一般来说，手工钨极氩弧焊由于钨极严重烧损且易在焊缝中引起夹钨缺陷，因此不采取接触短路方式引弧。(√)

122.利用钨极氩弧焊方法焊接时，如不慎使钨极与焊丝相碰，产生很大飞溅和烟雾，焊工可以在相碰处重熔修补后，继续焊接。(×)

123.带极电渣堆焊渣池深度较浅，因此应尽量提高焊接电压。(×)

124.等离子弧焊与钨极氩弧焊相比，熔透法温度高、电弧能量集中，但电弧挺直性差。(×)

125.药芯焊丝电弧焊焊接速度过快会导致熔渣覆盖不均匀，焊缝成型变坏，当试件清理不干净、焊接速度过快时，易产生未熔合。(√)

126.熔化极惰性气体保护焊的焊接区通常采用惰性气体保护，这类惰性气体与液态金属发生冶金反应，严密包围焊接区域使之与空气隔离。(×)

127.焊接材料影响焊缝的化学成份及其组织，因此也影响焊缝的尺寸。(×)

128.对于低碳钢、低合金高强度钢、低温钢，一般不要求焊缝与母材成分一样，主要是根据母材的力学性能选配相应强度的焊接材料。(√)

129.为了提高焊缝的抗裂性能应增大焊缝中C和S、P等杂质元素含量。(×)

130.为降低焊缝中的氢，应采用碱性低氢型焊条或碱性焊剂。(√)

131.为了保证焊缝强度和塑性，通过焊接材料可以向焊缝中加入细化晶粒的元素，如V、Ti、Nb和Al等。(√)

132.当母材合金元素较少，而焊材合金元素较多时，增加熔合比将导致焊缝性能上升。(×)

133.当母材比焊接材料中含有较多的杂质元素（如S、P等到）时，熔合比越大，焊缝金属的塑性和韧性越好。(×)

134.核电现场管道安装施工中，为保证焊缝根部质量，通常选用钨极氩弧焊打底，再选用焊条电弧焊填充盖面的组合焊接方法。(√)

135.核电厂主回路系统的波动管焊接时没有特别的焊接顺序，可以多人同时施焊。(×)

136.球阀内部有聚四氟乙烯密封垫，不能承受高温，因此阀门与管子焊接前，要贴上温度标签，焊接时，为防止温度过高，可用干净的凉水迅速降温。(×)

137.对于V形坡口，坡口面角度总是等于坡口角度。(×)

138.对接接头采用比母材强度稍高的焊缝金属，这种强度的组配关系称低组配。(×)

139.焊缝中的氮，会降低焊缝的塑性和韧性，但可以提高焊缝的强

度。(√)

140.烘干焊条和焊剂是减少焊缝金属含氢量的重要措施之一。(√)

141.堆焊是在工件表面通过焊接方法熔敷一层特殊的合金，其目的是提高工件表面的耐磨损、耐擦伤、耐腐蚀及耐热等性能。(√)

142.预热温度和道间温度是影响焊接热循环的重要工艺因素，合理选择预热温度和道间温度，可减小热影响区的淬硬倾向、同时有利于扩散氢的逸出，改善焊接接头的综合力学性能。(√)

143.堆焊不锈钢耐蚀层时熔合比越小，堆焊层化学成分被稀释程度越严重，耐蚀层的耐蚀性越差。(×)

(二)选择题(113)

1.反应堆压力容器属于核安全_____设备。(A)

A. 1级　B. 2级　C. 3级　D. 非核安全级

2.以下焊接方法不属于熔焊的是_____。(C)

A. 电弧焊　B. 气焊　C. 电阻焊　D. 电子束焊

3.焊条由药皮和焊芯两部分组成，下列选项不属于“焊芯”作用的是_____。(B)

A. 作为电极　B. 产生保护气　C. 产生电弧　D. 填充金属

4.下列不属于无损检验的是_____。(C)

A. 射线检验　B. 目视检验　C. 水压试验　D. 涡流检验

5.在无损检验方法中，“PT”代表的是_____方法。(A)

A. 渗透检验　B. 目视检验　C. 射线检验　D. 超声波检验

6.对于核安全设备同一部位返修次数一般不允许超过_____次。(B)

A. 1　B. 2　C. 3　D. 4

7.下列不属于焊条电弧焊优点的是_____。(D)

A. 设备简单　B. 操作方便　C. 适应性强　D. 电弧稳定

8.一般的碳钢和低合金钢按_____原则选取焊条。(A)

A. 等强度　B. 等性能　C. 等成分　D. 等类别

9.下列材料不属于黑色金属的是_____。(D)

A. 碳钢　B. 低合金钢　C. 不锈钢　D. 镍基合金

10.为保证钢材的焊接性，低合金结构钢的含碳量一般不超过_____。(B)

A. 0.1%　B. 0.2%　C. 0.3%　D. 0.4%

11.磁粉检验的代号表示方法为_____。(D)

A. VT　B. UT　C. RT　D. MT

12.以下四项中不属于在核安全设备制造中常用的焊后热处理类别的是_____。(B)

A. 消除应力热处理　B. 淬火硬化处理

C. 正火处理　D. 稳定化处理

13.以下对于手工钨极氩弧焊描述错误的是_____。(B)

A. 手工钨极氩弧焊是一种需要双手同时操作的焊接方法，从这方面说，它的操作难度比焊条电弧焊大

B. 钨极氩弧焊的熔深浅，熔敷速度小，但生产效率高

C. 钨极电弧稳定，焊缝成形美观

D. 钨极氩弧焊由于填丝不通过电弧，所以不会产生飞溅，或飞溅极小

14.焊条药皮中的______可以使熔化金属与外界空气隔离，防止空气侵入。(B)

A. 稳弧剂　B. 造气剂　C. 脱氧剂　D. 合金剂

15.以下各焊接缺陷中不可以在RT底片上识别的是_____。(D)

A. 裂纹　B. 夹渣　C. 层间未焊透　D. 余高超标

16.2Cr13钢属于_____。(C)

A. 奥氏体-铁素体双相不锈钢　B. 奥氏体不锈钢

C. 马氏体不锈钢　D. 铁素体不锈钢

17.影响焊接性的因素中不包括_____。(B)

A. 材料因素　B. 焊工操作水平

C. 设计因素　D. 接头服役环境

18.以下不属于焊缝中常遇到的夹杂物的是_____。(C)

A. 氧化物　B. 硫化物　C. 碳化物　D. 氮化物

19.以下四种检验方法中，可以对奥氏体不锈钢接头内部进行检验

的是_____。(C)

A. 渗透检验（PT）　B. 磁粉检验(MT)

C. 射线检验（RT）　D. 目视检验（VT）

20.低合金高强钢在焊前进行预热的主要目的是_____。(C)

A. 防止咬边和烧穿　B. 防止变形

C. 减少淬硬程度和防止冷裂纹　D. 防止产生热裂纹

21.根据国家标准《钢铁产品牌号表示方法》（GB/T221—2000），钢号为“20A”，表示的是平均含碳量为0.20%的_____。(C)

A. 普通碳素结构钢　B. 优质碳素结构钢

C. 高级优质碳素结构钢　D. 特级优质碳素结构钢

22.钛型、钛钙型、氧化铁型、纤维素型、低氢钠型等焊条是按照_____来分类的。(B)

A. 熔渣酸碱性　B. 药皮主要成分

C. 焊条的用途　D. 焊条的性能

23.主管道属于大口径厚壁奥氏体不锈钢，施焊时，应每焊至15 mm或25 mm厚度和50%的焊缝厚度后，需打磨并进行_____检查以及焊接收缩量的测量，并做好记录。(B)

A. UT　B. RT　C. PT　D. MT

24.以下无损检验方法及代号对应不正确的是_____。(B)

A. 目视检验VT　B. 渗透检验MT

C. 射线检验RT　D. 超声波检验UT

25.钢号Q345R中“R”表示的符号_____。(C)

A. 优质碳素结构钢　B. 低合金高强度结构钢

C. 容器用钢　D. 质量等级

26.不属于核安全设备目录的物项是_____。(D)

A. 膨胀节　B. 波纹管　C. 法兰　D. 燃料包壳

27.压水堆堆内构件采用的材料是_____。(A)

A. 不锈钢　B. 碳钢　C. 低合金钢　D. 石墨

28.蒸汽发生器管板与U形管的密封焊缝是_____。(A)

A. 一回路压力边界　B. 二回路压力边界

C. 一二回路压力边界　　　　D. 汽水边界

29.压水堆冷却剂系统的稳压器与_____。(B)

A. 每个环路的热管段相连　　　B. 一个环路的热管段相连

C. 每个环路的冷管段相连　　　D. 一个环路的冷管段相连

30.对于碳素结构钢，有害杂质元素是_____。(A)

A. 硫　B. 硅　C. 锰　D. 硼

31.在金属材料热处理中，冷却速度最快的是_____。(C)

A. 正火　B. 退火　C. 淬火　D. 回火

32.对于核安全设备来讲较为重要的辐照效应是_____。(C)

A. 辐照蠕变　　　　　　　B. 辐照肿胀

C. 辐照硬化和辐照脆化　　D. 辐照生长

33.E430、E5003属于_____药皮类型的焊条。(A)

A. 钛钙型　　　　B. 钛铁矿型

C. 铁氢钠型　　　D. 低氢钾型

34.新的国家标准规定焊条型号中，“焊条”用字母_____表示。(C)

A. J　B. H　C. E　D. A

35.随着焊接技术的发展，在主管道焊接工程中全位置窄间隙____焊接设备也逐渐采用。(B)

A. 埋弧焊　　　　　　B. 热丝氩弧焊

C. 熔化极气体保护焊　D. 焊条电弧焊

36.金属材料传导热量的性能称为导热性，____的导热性能最好。(C)

A. 铜　B. 铝　C. 银　D. 铁

37.水平固定管对接组装时，按规范和焊工技艺确定组对间隙，而且一般应_____。(A)

A. 上大下小　B. 上小下大　C. 上下一样　D. 左大右小

38.埋弧自动焊的坡口形式与焊条电弧焊基本相同，但由于埋弧焊的特点，应采用_____。(C)

A. 较大的坡口角度　　B. 较小的坡口角度

C. 较大的钝边　　　　D. 较大的间隙

39.目前等离子弧所采用的电源，绝大多数为_____。(D)

A. 陡降外特性的交流电源　　B. 方波交流电源

C. 逆变交流电源　　　　　　D. 陡降外特性的整流电源

40.钢制压力容器焊接过程中，以下______不必进行焊接工艺评定。(C)

A. 受压元件焊缝

B. 与受压元件相焊的焊缝

C. 压力容器上产品铭牌的焊缝

D. 受压元件母材表面堆焊、补焊焊缝

41.核电厂的机械设备分为核安全1级、核安全2级、核安全3级和_____。(A)

A. 非核安全级　B. 核安全4级　C. 核安全5级　D. 核安全6级

42.选择焊接材料时应充分考虑焊接材料的化学成分、______和工艺性能等。(B)

A. 机加性能　　B. 力学性能　　C. 物理性能　　D. 导热性

43.我国目前核安全设备的种类分为_____和_____两大类。(A)

A. 核安全机械设备、核安全电气设备

B. 核安全机械设备、核安全铸造设备

C. 核安全电气设备、核安全铸造设备

D. 核安全电器设备、核安全管理设备

44.金属按表露颜色不同分为黑色金属及_____。(A)

A. 有色金属　　B. 白色金属　　C. 特殊金属　D. 灰色金属

45.一般来讲，导热性太好的物质，焊接性_____。(D)

A. 优　　B. 良　　C. 中　　D. 差

46.酸性焊条烘焙温度一般为______，而碱性焊条烘焙温度一般为_____ 。(A)

A. 150 ℃，350～400 ℃　　B. 350～400 ℃，150 ℃

C. 350～400 ℃，250 ℃　　D. 150 ℃，250 ℃

47.气保焊丝型号为ER55–G中的55指的是_____。(B)

A. 熔敷金属抗拉强度最大值为550 MPa

B. 熔敷金属抗拉强度最小值为550 MPa

C. 化学成分分类代号

D. 焊接位置代号，适用于全位置焊接。

48.一般来讲，同种材料，厚板的焊接性与薄板比较_____。(B)

A. 厚板好　B. 厚板差　C. 一样　D. 不能比较

49.焊条库的温度应保持在______℃以上，相对湿度应小于______。(A)

A. 5 60%　B. 5 80%　C. 0 60%　D. 10 70%

50.焊缝上_____所输入的热量称为焊接热输入。(D)

A. 单位时间　B. 单位长度

C. 单位厚度　D. 单位时间单位长度

51.反应堆压力容器、反应堆冷却剂泵、稳压器、蒸汽发生器的一次侧属于_____。(A)

A. 核安全1级　B. 核安全2级

C. 核安全3级　D. 非核安全级

52.按作用力性质不同，强度可分为_____等。(D)

A. 屈服强度、抗拉强度

B. 屈服强度、抗拉强度、抗压强度

C. 屈服强度、抗拉强度、抗压强度、抗弯强度

D. 屈服强度、抗拉强度、抗压强度、抗弯强度、抗剪强度

53.鉴于焊接活动在民用核安全设备制造中具有的重要作用,焊接作为一种特种工艺,其在民用核安全设备制造安装活动中的特殊性主要表现在以下方面_____。(D)

A. 焊接设计控制、焊接工艺控制和焊接过程控制

B. 焊接人员资质

C. 焊接质量检验、见证件

D. 以上均是

54.低合金钢焊后消氢处理的温度范围是_____。(B)

A. 150 ~ 250 ℃　B. 250 ~ 350 ℃　C. 350 ~ 450 ℃　D. 450 ~ 550 ℃

55.钨极氩弧焊焊接铝及铝合金常采用的电源及极性是_____。(C)

A、直流正接　B、直流反接　C、交流　D、直流正接或交流

56.低碳钢中碳的质量分数小于_____。(A)

A. 0.25%　B. 0.6%　C. 0.8%　D. 2.11%

57.材料在拉断前所承受的最大应力称为_____。(C)

A. 屈服点　B. 伸长率　C. 抗拉强度　D. 冲击韧度

58.钨极氩弧焊焊接铝及铝合金采用交流焊机的原因是_____。(D)

A. 飞溅小　B. 成本低

C. 设备简单　D. 具有阴极破碎作用和防止钨极熔化

59.1Cr18Ni9Ti不锈钢和Q235低碳钢焊条电弧焊时，采用_____焊条焊接才能获得满意的焊缝质量。(C)

A. E4303　B. E308–16　C. E309–15　D. E310–15

60.稳压器的主要作用是_____。(C)

A. 作为包容反应堆堆芯的容器，起着固定和支撑堆内构件的作用

B. 把通过反应堆的冷却剂的热量传给二次回路水，并使之变成蒸汽

C. 用来控制反应堆系统压力变化的设备，又称压力平衡器

D. 压水堆核电厂安全注入系统的重要应急冷却设备

61.下列_____设备属于核安全1级设备。(A)

A. 蒸汽发生器　B. 汽水分离再热器　C. 安注箱　D. 汽轮机

62.压水堆核电厂核岛系统主要包括_____等设备。(A)

A. 反应堆压力容器、蒸汽发生器、稳压器、主泵

B. 反应堆压力容器、蒸汽发生器、稳压器、汽水分离再热器

C. 发电机、蒸汽发生器、稳压器、安注箱

D. 柴油机储存罐、主管道、稳压器、安注箱

63.下列_____材料不能使用磁粉探伤探测缺陷。(C)

A. 16MND5　B. 18MND5　C. 0Cr18Ni9　D. Q345B

64.气体保护药芯焊丝电弧焊所用药芯焊丝中焊剂的主要作用是_____。(D)

A. 传导电流与填充金属

B. 传导电流、引弧和维持电弧燃烧

C. 传导电流、填充金属与熔化的母材混合形成焊缝

D. 调整化学成分，使焊缝金属具有不同的力学、冶金、耐蚀性能

65、焊条的直径是以_____来表示的。(A)

A. 焊芯直径　　B. 焊条外径

C. 药皮厚度　　D. 焊芯直径和药皮厚度之和

66.采用熔化极气体保护焊施焊的焊缝含氢量_____，在焊接低合金高强度钢时冷裂纹的倾向较小。(C)

A. 多　B. 大　C. 少　D. 为零

67.下列关于手工钨极氩弧焊的说法错误的是_____。(B)

A. 与熔化极气保焊相比工件的收缩力和变形都小

B. 与熔化极气保焊相比生产率高

C. 可以焊接铝、镁等难焊金属

D. 脉冲钨极氩弧焊热输入小

68.与普通埋弧焊坡口相比，_____坡口截面可以减少1/3左右。从而大大减少了母材金属的加工量，可节约焊接材料30%~40%，提高焊接效率50%以上。(C)

A. 带极埋弧堆焊　　B. 电渣焊

C. 窄间隙埋弧焊　　D. CO_2气体保护焊

69.焊条电弧焊焊接奥氏体不锈钢时，下列_______不能防止晶间腐蚀。(D)

A. 严格控制道间温度

B. 采取短弧焊

C. 低的焊接热输入量

D. 增大焊接电流

70.不锈钢焊条型号中最后两位数字为“15”，表示该焊条为碱性药皮，适用于_____焊接。(B)

A. 直流正接　B. 直流反接　C. 交流　D. 交直流均可

71.脉冲钨极氩弧焊时，峰值电流起_____的作用。(D)

A. 预热母材加维持电弧　　B. 预热母材

C. 维持电弧　　D. 熔化金属形成熔池

72.药芯焊丝电弧焊是在_____作用下进行焊接的。(C)

A. 电阻热　　B. 摩擦热　　C. 电弧热　　D. 辐射热

73.电渣焊是利用______将工件和填充金属熔合成焊缝的焊接方法。(D)

A. 电弧热　　B. 摩擦热　　C. 压力　　D. 电阻热

74.电渣焊的焊缝由于形成晶粒粗大和产生过热组织，焊接接头的冲击韧性较低，一般焊后应进行正火加_____热处理。(A)

A. 回火　　B. 退火　　C. 消氢　　D. 淬火

75.电弧螺柱焊焊接碳钢、不锈钢时采用______，焊接铝、镁时采用直流反接。(A)

A. 直流正接　　B. 直流反接　　C. 任意　　D. 交流

76.下列关于电子束焊接的说法错误的是_____。(B)

A. 电子束焊接是高能束流焊接的一种

B. 匙孔是电子束焊接中特有的现象

C. 电子束可以焊接绝大多数金属材料

D. 电子束流是从电子枪中产生的

77.气焊紫铜要求使用_____。(A)

A. 中性焰　　B. 碳化焰　　C. 氧化焰　　D. 弱氧化焰

78.氩气的特点之一，在高温下不分解，不与金属起化学反应及_____。(B)

A. 能承受较大的焊接电流　　B. 不溶解于液体金属

C. 有助于电子发射　　D. 对空载电压无要求

79.气焊火焰的性质应根据_____选择。(A)

A. 被焊材料　B. 焊件厚度　C. 焊接位置　D. 坡口形式

80.关于阀门耐磨堆焊，以下说法不正确的是_____。(D)

A. 采用气焊时熔深浅，效率低

B. 采用焊条电弧堆焊时稀释率较高

C. 某些重要工件表面堆焊前还应进行无损检验

D. 等离子弧堆焊最早应用于阀门耐磨堆焊中

81.激光焊接时的坡口一般选择_____。(A)

A. I形坡口　　B. V形坡口　　C. X形坡口　　D. U形坡口

82.适用的工艺评定应满足相应的要求，其中错误的是_____。（D）

A. 采用国家核安全局批准的在建核电厂所采用的标准

B. 适用范围能覆盖操作技能考试

C. 为有效状态

D. 酸性焊条的工艺评定可以适用于碱性焊条

83.关于焊接工艺评定，以下说法错误的是_____。（D）

A. 焊接操作规程应具备可操作性

B. 产品焊接前必须完成相应焊接工艺评定

C. 焊接工艺评定必须符合工艺要求

D. 焊接参数计算错误并不影响焊接工艺评定的有效性

84.主管道上管座的焊接，采用手工氩弧焊打底、焊条电弧焊焊满的焊接方法，在装点管座时需留有____间隙，以保证焊缝根部焊透，同时要做好焊缝根部的氩气保护。（C）

A. 0 ~ 1 mm　　B. 1 ~ 2 mm　　C. 2 ~ 3 mm　　D. 5 ~ 8 mm

85.气体保护焊时，焊接速度过快则_____。（B）

A. 对焊接过程没有太大影响

B. 气体保护作用易受到破坏，焊缝冷却过快，降低焊缝的塑性，并使之成型不良

C. 焊缝宽度显著增大，熔池热量集中，易产生烧穿缺陷

D. 焊接电弧过长，保护性气氛不良

86.反应堆压力容器、蒸汽发生器和稳压器等设备主焊缝焊后要做消除应力处理，因为_____。（B）

A. 焊接速度过快

B. 筒节壁厚较厚多层焊时可能造成应力集中

C. 容器所用材料焊接性能不好

D. 为了免去焊前预热

87.对于厚度大于16 mm的管子，一般开_____型坡口。（C）

A. V形　　B. X形　　C. U形　　D. 单边V形

88.金属的性能主要包括物理性能、化学性能、_____性能和_____性能。（A）

A. 力学 工艺　B. 工艺 加工　C. 力学 冷热加工　D. 冷 热

89.以下核电产品制造中不采用埋弧焊的是_____。（C）

A. 压力容器接管与筒体的焊接　B. 压力容器内壁堆焊

C. 接管端镍基合金堆焊　D. 管板一次侧堆焊

90.压水堆核电厂主泵采用的主体材料是_____。（B）

A. 高强度低合金钢　B. 不锈钢　C. 镍基合金　D. 碳钢

91.目前较为常见的阀门密封面堆焊方法中，没有以下_____焊接方法。（D）

A. 气焊　B. 焊条电弧堆焊　C. 等离子弧　D. 埋弧焊

92.反应堆压力容器、蒸汽发生器和稳压器等主焊缝一般采用____焊接方法。（B）

A. 焊条电弧焊　B. 窄间隙埋弧焊

C. 二氧化碳气体保护焊　D. 自动钨极氩弧焊

93.在反应堆压力容器内表面堆焊一层奥氏体不锈钢的目的在于_____。（B）

A. 屏蔽中子辐照　B. 减少冷却剂的腐蚀及材料因氢化而变脆

C. 增强容器强度　D. 提高容器气密性，防止泄漏

94.奥氏体不锈钢不能使用的无损检验方法是_____。（C）

A. 渗透检验　B. 目视检验　C. 磁粉检验　D. 射线检验

95.不用于主管道的焊接方法是_____。（C）

A. 手工钨极氩弧焊　B. 焊条电弧焊

C. 熔化极气体保护焊　D. 窄间隙热丝氩弧焊

96.当采用自动钨极氩弧焊的方法焊接3～6 mm厚的小直径合金钢管时，一般应选择_____坡口。（B）

A. X形　B. V形　C. I形　D. K形

97.在民用核安全设备焊接活动中，对首次采用的金属材料或焊接材料应进行_____。（C）

A. 文件评定　B. 质量评定　C. 工艺评定　D. 规格评定

98.熔焊时，单位时间内完成的焊缝长度称为_____。（C）

A. 熔敷长度　B. 送丝速度　C. 焊接速度　D. 热输入量

99.我们常用的焊接检验尺不可以检测_____。（C）

A. 钢板坡口角度　B. 装配间隙　C. 内部缺陷　D. 焊缝余高

100.在熔化极惰性气体保护焊中，由于电磁收缩力和_____的共同作用，克服了表面张力而使熔滴过渡。（B）

A. 熔滴重力　B. 气体吹力　C. 振荡惯性力　D. 电弧吹力

101.焊剂431是_____焊剂。（B）

A. 高锰低硅　B. 高锰高硅　C. 低锰高硅　D. 中锰中硅

102.目前是一种理想的电极材料，是我国建议尽量采用的_______钨极。（C）

A. 纯钨极　B. 钍钨极　C. 铈钨极　D. 锆钨极

103.钨极氩弧焊的优点是_____。（A）

A. 焊缝成型美观　B. 熔深浅，熔敷速度小，生产效率低

C. 焊接成本较高　D. 钨极承载电流的能力较差

104.以下材料选择钨极氩弧焊时，需要做背面氩气保护的是_____。（C）

A . 碳钢　B. 低合金钢　C. 不锈钢　D. 低合金耐热钢

105.埋弧焊过程中，焊缝中的氧含量随着电弧电压的上升而_____。（A）

A. 增多　B. 减少　C. 不变　D. 剧减

106.以下关于气体保护药芯焊丝电弧焊的说法不正确的是_______。（B）

A. 焊丝制造过程复杂

B. 常用于打底焊

C. 电弧稳定、飞溅少且细颗粒

D. 焊缝成型美观、易于清渣

107.电渣焊的焊缝由于形成粗大晶粒和产生过热组织，焊接接头的_____较低，一般焊后应进行热处理。（C）

A. 抗拉强度　B. 屈服强度

C. 冲击韧性　　　　　　　D. 硬度

108.下列不属于焊后热处理目的的是_____。(D)

A. 松弛焊接残余应力

B. 稳定结构的形状和尺寸

C. 改善焊接接头的组织和性能

D. 减少焊缝及热影响区的淬硬倾向

109.药芯焊丝电弧焊所采取的保护形式是属于_____保护。(B)

A. 气　　　　B. 气－渣联合　C. 渣　　　　D. 全选

110.用熔化极气体保护焊焊接低碳钢薄板结构时，一般采用_____极性，电弧稳定，飞溅小，成形较好，熔深大。(A)

A. 直流反接　　B. 直流正接　　C. 正反接均可　　D. 交流

111.堆焊与一般焊接相比，熔合比_____。(B)

A. 较大　　　　B. 较小　　　　C. 相同　　　　D. 不确定

112.焊条电弧焊选择焊接电流的主要依据是_____。(B)

A. 焊条长度　B. 焊条直径　C. 焊接位置　D. 焊机空载电压

113.在焊接工作完成以后，为改善焊接接头的组织性能和_____而进行的热处理称为焊后热处理。(A)

A. 消除焊接残余应力　　　　B. 增强母材表面强度

C. 增强焊缝强度　　　　　　D. 消除焊接缺陷

八、焊接设备

（一）判断题（29）

1.焊机的外部应经常擦拭，机内要保持清洁，定期用压缩空气吹净灰尘。(√)

2.焊接工作所用的能够影响焊接质量的仪器仪表、装置应该定期检测，应保证其在有效检验期内。(√)

3.焊件接电源的正极，称反极性。接负极为正极性。(×)

4.一般埋弧焊多采用细焊丝，电弧具有水平的静特性曲线。(×)

5.钨极氩弧焊和等离子弧焊一般都采用正极性接法。此时电弧稳定，钨极寿命长。(√)

6.埋弧焊机的调试内容包括电源、控制系统、小车三个组成部分的性能与参数测试和焊接试验。(√)

7.核安全设备焊接活动使用的电焊机必须经标定合格，电压、电流表一次标定合格后，无须再次检测标定。(×)

8.压缩气瓶要有防震胶圈以及防倾倒措施，以防止气瓶跌落或受到撞击。(√)

9.熔化极惰性气体保护焊和混合气体保护焊时，气瓶与热源距离应大于2 m。(×)

10.为防止飞溅物粘在喷嘴内壁表面不易清除，焊前应在喷嘴上喷上硅油。(√)

11.流量计使用中必须处于垂直位置。(√)

12.焊工对其所使用的焊接设备应定期测量绝缘电阻，以确保安全运行。(×)

13.一般来说，埋弧焊设备按下“启动”按钮后，焊丝一直向上反抽是由于焊接回路无电压导致的。(×)

14.埋弧焊设备焊接电路接通时，电弧未引燃，焊丝粘在焊件上主要原因是焊丝与焊件之间接触太紧。(√)

15.逆变弧焊整流电源具有很高的动态响应，能进行高速控制，对所有焊接参数都可无级调节。(√)

16.焊机应按照额定电流和负载持续率来使用，避免因过载而损坏。(√)

17.氩弧焊设备的水压开关，沾有水垢、异物等，会造成冷却水压不足，应定期检查。(√)

18.测温仪不仅能测量焊缝表面温度还能测量焊缝内部温度。(×)

19.一般实心焊丝送丝机不开槽，而药芯焊丝送丝机上下轮均开V形槽，增加受力点，从而减少药芯焊丝截面形状的变化，提高送丝的稳定性。(√)

20.焊条电弧焊电源安装接线时，选择连接导线应注明导线的安全载流量，由于导线通过电流就会发热，为了避免绝缘过热破坏，因此要限制通过导线的电流，这个规定的电流值称作安全载流量。(√)

21.焊机的负载持续率越高，可以使用的焊接电流就越大。(×)

22.焊接时，焊机上的电流表和电压表，其指针都以相同方向来回摆动。(×)

23.当焊机发生故障时，应立即切断焊机的电源，然后及时进行检查和修理。(√)

24.焊机空载时，由于输出端没有电流，所以不消耗电能。(×)

25.焊条和焊件粘在一起是经常遇到的，出现这种情况时，应立即将焊钳从焊条上取下，并马上用手将焊条扳下。(×)

26.所有焊接设备必须建立档案，实行一机一档。(√)

27.焊机的电缆线应使用整根导线，中间不应有连接接头。当工作需要接长导线时，应使用接头连接器牢固连接，连接处应保持绝缘良好，而且接头不要超过两个。(√)

28.非熔化极脉冲氩弧焊的焊接电流分成基值电流和峰值电流两部分。(√)

29.等速送丝埋弧焊机采用电弧自身调节系统；变速送丝埋弧焊机采用电弧电压自动调节系统。(√)

（二）选择题（32）

1.焊接电弧是焊接时两电极间的一种_____现象。（D）

A. 燃料燃烧　B. 化学反应　C. 物理反应　D. 气体放电

2.电焊机能够满载工作时间的比率，我们称为_____。（D）

A. 额定电压　B. 额定电流　C. 额定效率　D. 负载持续率

3.自动焊接过程中，我们发现焊缝宽度太宽，这个时候我们应该调节_____。（B）

A. 电流　B. 电压　C. 速度　D. 焊接材料

4.埋弧焊焊缝自动跟踪系统的关键装置是_____。（B）

A. 执行机构　B. 传感器　C. 控制线路　D. 原始对中

5. 熔化极气体保护焊安装预热器的主要作用是_____。（A）

A. 防止堵塞气路　　B. 去除CO_2中的水分

C. 将液态CO_2气化　　D. 提高生产效率

6.熔化极气体保护焊焊枪的主要功能是输导焊丝、传导气流和_____。（A）

A. 传导电流　B. 传递控制信号　C. 自身冷却　D. 便于手持

7.焊工应根据_____更换导电嘴和送丝滚轮，以保证焊接过程的稳定性。（A）

A. 焊丝直径　B. 喷嘴直径　C. 焊丝牌号　D. 焊丝伸出长度

8.使用瓶装CO_2进行气体保护焊时，当气体压力小于_____时，其含水量显著增加，应停止使用。（A）

A. 1 MPa　B. 2 MPa　C. 3 MPa　D. 5 MPa

9.焊条电弧焊、熔化极气体保护焊、药芯焊丝电弧焊和埋弧焊等均采用的引弧方法是_____。（A）

A. 接触短路引弧法　　B. 高频电压引弧法

C. 高压脉冲引弧法　　D. 低压脉冲引弧法

10.若焊机或焊枪需用水冷却，则接好水冷系统，冷却水的流量和_____必须符合要求。（A）

A. 水压　B. 密度　C. 质量　D. 颜色

11.焊机正常工作时，可能造成电流过小的原因不是_____。（C）

A. 焊接电缆过长　　B. 焊接电缆盘成盘

C. 线圈碰外壳　　D. 焊接电缆线与焊件接触不良

12.造成焊条电弧焊焊机风扇电机不动的原因以下选项错误的是_____。（D）

A. 熔断器烧断　　B. 电动机线圈断线

C. 开关接触不良　　D. 风压开关抖动

13.大电流等离子弧设备常采用的引弧方式是_____。（A）

A. 转移弧　B. 非转移弧　C. 联合弧　D. 高频引弧

14.氩弧焊机使用过程中启动正常，但无保护气体输出，不可能出现的原因是_____。（D）

A. 气路堵塞　　　　　　　　B. 电磁气阀损坏

C. 气阀线圈接触端接触不良　　D. 气流流量计漏气

15.对一台焊机而言，负载持续率越高，说明_____。（A）

A. 在工作周期中有负载的时间越长　B. 换焊条的时间越长

C. 整个工作周期越长　　　　　D. 焊机空载的时间越长

16.焊条电弧焊电源不包括下列_____电源。（D）

A. 动圈式弧焊变压器　　　B. 动铁式弧焊变压器

C. 弧焊整流器　　　　　　D. 自饱和磁放大器式电源

17.脉冲氩弧焊时，基值电流起_____作用。（C）

A. 熔化金属形成熔池　　　B. 预热母材

C. 维持电弧燃烧和预热母材　D. 维持电弧燃烧

18.以下关于气体保护药芯焊送丝轮的说法不正确的是_____。（C）

A. 两对主动轮送丝　　　　B. 上下轮均开V形槽

C. 上下轮均开U型槽　　　D. 槽内压花

19.常见的交流弧焊机有动铁式弧焊变压器和________弧焊变压器两种。（B）

A. 动力式　　B. 动圈式　　C. 制动式　　D. 陡降式

20.普通电力变压器不能作为弧焊电源的原因是_____。（C）

A. 动特性太差　　　　　　B. 空载电压太高

C. 外特性曲线是水平的　　D. 成本太高

21.钨极氩弧焊不采取接触短路引弧法的原因是______和在焊缝中易引起夹钨缺陷。（D）

A. 引弧速度太慢　　　　　B. 有高频电磁场

C. 放射性物质伤害母材　　D. 钨极烧伤严重

22.面罩上护目玻璃（黑玻璃）的作用错误的是_____。（D）

A. 吸收大部分红外线和紫外线

B. 能正确掌握和控制焊接过程

C. 焊接时避免眼睛受弧光灼伤

D. 打磨时防止铁屑

23. 焊接设备及计量器具应_____检定、校验，以防止自身误差而造

成工程质量不合格。（B）

A. 必要时进行　　B. 周期

C. 不定期进行　　D. 出现误差时进行

24.下列不属于氩弧焊焊枪作用的是_____。（B）

A. 装夹钨极　　B. 与焊件绝缘

C. 输出保护气体　　D. 启动或停止整机的工作系统

25.氩气瓶的外表涂成_____。（B）

A. 白色　B. 灰色　C. 天蓝色　D. 铝白色

26.为了使焊接电弧能稳定的燃烧，应该_____。（C）

A. 提高电源的空载电压　　B. 降低电源的空载电压

C. 在焊条药皮或焊剂中添加稳弧剂　　D. 增加短路电流

27.电子束焊接设备通常是由电子枪. 高压电源. _______. 真空系统. 电源及电气控制系统. 运动系统等组成。（C）

A. 冷却水箱　B. 送丝机构　C. 真空室　D. 保护气瓶

28.焊机铭牌上的负载持续率是表明_____。(B)

A. 告知电工安装时用参数

B. 告知焊工应注意焊接电流和时间的关系

C. 告知焊机的极性

D. 与焊接无关

29.焊条电弧焊时电弧电压_____弧焊电源的空载电压。(A)

A. 小于　B. 大于　C. 等于　D 无要求

30.焊条电弧焊时，低氢钠型焊条必须采用以下________电源极性。（B）

A. 直流正接　B. 直流反接　C. 交流电源　D. 以上均可

31.通过加压手柄可调节夹紧力，但对于______需特别注意，以防止焊丝变形。（D）

A. 细丝　B. 粗丝　C. 实芯焊丝　D. 药芯焊丝

32.护目镜片颜色深浅的选择，一般是_____。（A）

A. 焊接电流越大，镜片颜色应越深

B. 焊接电流越小，镜片颜色应越深

C. 选用碱性药皮焊条，镜片颜色应浅些

D. 选用酸性药皮焊条，镜片颜色应浅些

九、焊接接头和焊缝代号

（一）判断题（46）

1.角焊缝和搭接焊缝相对其他接头形式可以选用较大直径的焊条。(√)

2.随着焊接热输入的增大，热影响区变小。(×)

3.坡口角度用符号K表示。(×)

4.焊脚尺寸用符号K表示。(√)

5.完整的焊缝表示方法应包括基本符号、辅助符号、补充符号、指引线、尺寸符号及数据。(√)

6.焊缝符号在图纸上必须在箭头侧。(×)

7.焊接接头是由两个或两个以上零件用焊接组合或焊合的接点。(√)

8.焊接接头是一个几何不连续、力学性能均匀、具有较大焊接残余应力和变形的不均匀体。(×)

9.焊接接头的质量和性能间接关系到核安全设备的质量和安全。(×)

10.焊接接头设计应充分考虑核安全设备工况条件、结构特点、材料特性、生产效率。(√)

11.消除应力热处理的主要目的是消除焊接残余应力、稳定结构形状和尺寸、改善焊接接头组织和性能、保证焊接接头使用时的安全可靠性。(√)

12.局部熔化的母材金属在焊缝金属中所占的比例称为熔合比。(√)

13.从焊接接头抗裂性考虑，一般焊缝金属中含碳量不超过0.10%，最大不超过0.15%，同时其磷、硫含量也低于相应母材含量。(×)

14.焊缝在图纸上的表示方法一般有两种，一种是采用技术制图方

法的焊缝详图，另外一种是采用标准规定的焊缝符号。(√)

15.单道、大电流焊接，由于焊接线能量大，工作效率高，且焊接接头的性能优于多道、小电流焊接的接头。(×)

16.线能量的大小决定了焊缝一次结晶组织和二次结晶组织的特征和粗细。(√)

17.焊接接头是一个成分、组织和性能都不一样的不均匀体。(√)

18.如图所示 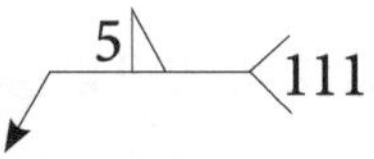

表示的是用气体保护焊的方法焊接的角焊缝，焊缝的焊角尺寸是5 mm。(×)

19.在焊接热循环的作用下，焊接接头中的熔合区和过热区出现严重的晶粒粗化，是整个焊接接头最薄弱的区域。(√)

20.由于镍基合金和不锈钢的线膨胀系数比低合金钢大，而热导率比低合金钢小，焊接时会引起较大的应力和变形。(√)

21.对接焊缝一定是对接接头中的焊缝。(×)

22.经熔焊所形成的各种接头，都是由焊缝、熔合区、热影响区及其邻近的母材组成。(√)

23.影响焊缝化学成分和焊接接头组织的因素，都会影响焊接接头的性能。(√)

24.角接接头中的焊缝一定是角焊缝。(×)

25.在焊接结构中的焊缝，按所起的作用可分为工作焊缝和联系焊缝两种。(√)

26.焊接过程中，对接接头的冷却速度比T形接头的冷却速度快。(×)

27.影响焊缝显微偏析的主要因素是金属的化学成分。(√)

28.焊条电弧焊过程中，焊缝熔池是在静止的状态下结晶的。(×)

29.焊接温度场能反应焊件温度在某一瞬间在空间的分布情况，但不能说明焊件上各点温度随时变化的情况。(√)

30.在多层多道焊缝焊接时，层间温度与焊前预热的作用不同。(×)

31.在焊接中的物理化学过程可分为焊接传热过程、焊接化学冶金

反应过程和焊缝金属的结晶和相变过程。(√)

32.焊接热循环曲线是焊接时某点的温度随时间变化的过程。(√)

33.在相变温度以上停留时间越长，越有利于奥氏体的均质化。因此在相变温度以上停留时间越长越有利于焊接质量。(×)

34.焊缝余高太大易在焊趾处产生应力集中，所以余高不能太高，有时可低于母材。(×)

35.开坡口的目的是保证焊件可以在厚度方向上全部焊透。(√)

36.焊接速度相同时，减小电极（焊丝）直径，焊缝的厚度和宽度都减小。(√)

37.焊接电压增加时，焊缝厚度和余高将略为减小。(√)

38.焊缝符号是表示焊缝表面形状的符号。(×)

39.增加对接接头的强度，主要应该增大焊缝的余高。(×)

40.在熔池金属结晶过程中，由于冷却速度很快，化学成分来不及扩散，合金元素的分布是不均匀的，会出现偏析现象。(√)

41.所有的焊接接头中，以对接接头的应力集中最大。(×)

42.影响焊接接头性能的因素有接头形状不连续性、焊接缺陷、残余应力和焊接变形等。(√)

43.搭接接头是两板件全部重叠起来进行焊接所形成的接头。(×)

44.多层焊接时，焊缝金属的力学性能较单层焊接时的要差。(×)

45.动载时，凹角焊缝比平角焊缝承载能力低，凸角焊缝的最高。(×)

46.多层多道焊不仅由于线能量小而改善接头性能，而且由于后一道焊对前一道焊及其热影响区进行再加热，使组织和性能发生变化。(√)

（二）选择题（46）

1.焊接接头一般可分为焊缝金属、熔合区和_____。(A)

A. 热影响区　　B. 高温区　　C. 焊接缺陷　　D. 粗晶区

2.焊缝金属的力学性能取决于焊缝金属化学成份和_____。(B)

A. 焊接材料　B. 金相组织　C. 焊接方法　D. 焊接缺陷

3.对接接头是两焊件表面构成大于或等于______、小于或等于　夹角，即两板件相对端面焊接而形成的接头。(D)

A. 90°、150°　B. 45°、90°

C. 90°、180°　D. 135°、180°

4.焊缝符号 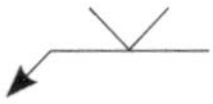 的含义正确的是_____。(A)

A. 正面焊缝　B. 反面焊缝　C. 双面焊缝　D. 断续焊缝

5.  表示_____。(B)

A. 对接焊缝　B. 角焊缝　C. 堆焊缝　D. 点焊缝

6.粗晶区的硬度和强度均高于母材，而延性较母材低，这种现象主要是受_____的影响。(D)

A. 焊接电流　B. 焊接电压　C. 焊接材料　D. 冷却速度

7.在_____内发生的热塑性变形所引起的延性、韧性下降，称为热塑变脆化。(C)

A. 600 ~ 300 ℃　B. 500 ~ 100 ℃　C. 400 ~ 200 ℃　D. 800 ~ 300 ℃

8.在压力容器中，筒体与封头等重要受压部件的连接，均应采用_____。(D)

A. 角接接头　B. 搭接接头　C. 塞接接头　D. 对接接头

9.在焊接接头中产生应力集中的原因主要有_____。(A)

A. 焊缝中存在工艺缺陷、焊缝外形不合理、焊接接头设计不合理

B. 焊缝中存在工艺缺陷、焊接方法不合理

C. 焊缝外形不合理、焊接材料强度不够

D. 焊接接头设计不合理、焊接方法不合理、焊材和母材强度不匹配

10.保证____是降低T形（十字）接头应力集中的重要措施之一。(C)

A. 焊缝余高　B. 焊接参数　C. 焊透　D. 焊缝形状

11. 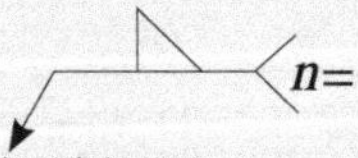 图中n表示_____。(B)

A. 焊缝间距　B. 相同焊缝数量符号

C. 对接间隙　D. 焊缝长度

12.  表示_____。(D)

A. 堆焊缝　B. 点焊缝　C. 塞焊缝　D. 封底焊缝

13.  表示_____。(A)

A. 表示焊缝表面凹陷　B. 表示焊缝表面平齐

C. 表示焊缝表面凸起　D. 表示焊缝底部有垫板

14.在焊缝符号中e表示_____。(C)

A. 焊缝段数　B. 焊缝宽度

C. 焊缝段之间的距离　D. 焊缝段每段长度

15.焊缝的辅助符号是表示_____。(A)

A. 焊缝表面形状特征　B. 补充说明焊缝的某些特征

C. 焊缝的技术条件　D. 焊缝质量等级

16.集中在焊缝中心的硫偏析主要会造成_____。(A)

A. 热裂纹　B. 冷裂纹

C. 焊缝表面凹坑　D. 未焊透及未熔合

17.焊接接头根部预留间隙的作用是_____。(B)

A. 防止焊穿　B. 保证焊透　C. 减少应力　D. 防止夹渣

18.在坡口中留钝边的作用在于_____。(A)

A. 防止烧穿　B. 保证焊透

C. 减少应力　D. 提高效率

19.异种金属焊接时，熔合比越小越好的原因是为了_____。(A)

A. 减小熔化的母材对焊缝的稀释作用　B. 减小焊接材料的填充量

C. 减小焊接应力　D. 减小焊接变形

20.以下关于焊接热输入说法不正确的是_____。(D)

A. 焊接热输入又可以称为线能量

B. 其它条件不变，焊接速度越大，热输入越小

C. 含碳量较低的热轧钢可以适应较大的焊接热输入

D. 焊接热输入只和电流有关，和电压无关

21.焊条电弧焊焊接冶金过程不发生在_____。(B)

A. 药皮反应区　B. 热影响区

C. 熔滴反应区　　　　　　　D. 熔池反应区

22.严重的偏析和夹杂可导致气孔、热裂纹和_____等缺陷产生。(A)

A. 冷裂纹　　B. 未焊透　　　C. 未熔合　　D. 焊偏

23.如下图所示，分别表示_____符号。(B)

（一）　　（二）

A. 环绕工件周围焊缝、在现场或工地进行焊接

B. 在现场或工地进行焊接、环绕工件周围焊缝

C. 表示三面带有焊缝、在现场或工地进行焊接

D. 环绕工件周围焊缝、表示三面带有焊缝

24.下图表示_____。(A)

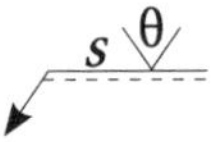

A. 单面坡口对接焊缝　　　　　B. 双面坡口对接焊缝

C. 单边角焊缝　　　　　　　　D. 双边角焊缝

25.完整的焊缝表示方法应包括基本符号、辅助符号、补充符号、指引线、_____及数据。(B)

A. 数字符号　　B. 尺寸符号　　C. 外观符号　　D. 检验符号

26.带钝边V形焊缝的基本符号是_____。(B)

A. 　B. 　C. 　D. 

27.焊缝的凝固结晶组织形态不仅对结晶过程中裂纹的产生有影响，而且对焊缝的力学性能，特别是_____，有决定性影响。(B)

A. 塑性　　B. 韧性　　C. 强度　　D. 以上选项都不对

28.如果母材和焊缝的合金化程度不同，还可能在熔合区发生____现象，从而影响焊接接头的组织和性能。(A)

A. 碳迁移　B. 固溶　　C. 晶界液化　　D. 化学不均匀

29.下面_____是V型焊缝的基本符号。(A)

A. 　B. 　C. 　D. 

30.在相互焊接的两焊件中只在其中一个焊件上所开的坡口称为______。(C)

A. 单面坡口　　B. 双面坡口　　C. 单边坡口　D. 双边坡口

31.图样上标注的焊缝符号（如下图）时，是表示______。(B)

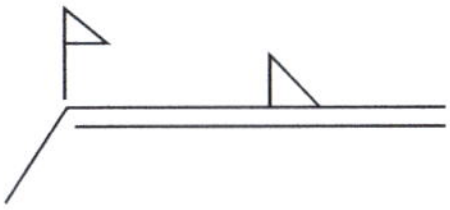

A. 工件三面带有角焊缝

B. 在现场沿工件周围施焊的角焊缝

C. 在现场施焊的角焊缝

D. 在工件周围施焊

32.图样上标注的焊缝辅助符号为时，其意义是______。(C)

A. 封底V形焊缝　　B. 平面V形焊缝

C. 平面封底V形焊缝　　D. 凹面角焊缝

33.不同厚度钢板对接焊时，对厚板削薄处理的目的，主要是避免接头处______。(C)

A. 产生较大变形　　B. 产生严重焊接缺陷

C. 造成较大应力集中　　D. 焊接量过大

34.美国ASME标准中的A类接头包括主壳体、连通室、直径过渡段或接管上的______焊接接头。(A)

A. 纵向　B. 环向　C. 环形　D. 任何

35.影响焊接接头的主要因素是______。(D)

A. 焊接材料、焊接方法

B. 熔合比、焊接热输入

C. 焊接的操作方法与技能、焊后热处理

D. 以上均是

36.焊接热输入越大，晶界低熔相的熔化就越严重，所以，液化裂纹的倾向就______。(B)

A. 越小　　B. 越大　　C. 为零　　D. 不变

37.在焊接接头中，熔深较大的对接和各种角接，其抗裂性______。(C)

A. 较强　B. 很强　C. 较差　D. 一般

38.焊接接头在高温下承载，必须考虑某些合金元素的扩散和整个结构发生的_____问题。(C)

A. 疲劳　B. 韧性　C. 蠕变　D. 脆断

39.奥氏体不锈钢焊接接头中的贫铬区，是指铬质量分数小于____的区域。(B)

A. 8%　B. 12%　C. 16%　D. 20%

40.图样上标注如下图所示的焊接图形基本符号时，其含义是_____。(D)

A. 焊趾处过渡圆滑　B. 焊道之间熔合良好

C. 留有余高的对接焊缝　D. 焊缝为堆焊缝

41.图样上标注如下图所示的焊接图形补充符号时，其含义是_____。(C)

A. 不重要的焊缝　B. 特别重要的焊缝

C. 在工地进行焊接　D. 某制造厂的标志

42.某图样上某焊缝为如下图所示的焊缝符号标注时，说明_____。(C)

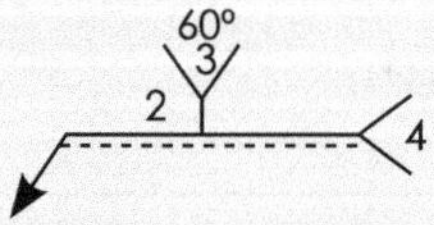

A. 此焊缝为不带垫板Y形焊缝　B. 对接间隙2 mm

C. 该标注焊缝有4处　D. 该标注焊缝有2处

43.对接接头工作应力分布较T形接头均匀，对于存在余高的对接接头，应力集中产生在_____。(C)

A. 邻近的母材表面　B. 热影响区表面

C. 焊趾处　D. 余高最高处

44.图样上某焊缝为如下图所示的焊缝符号标注时，说明_____。(B)

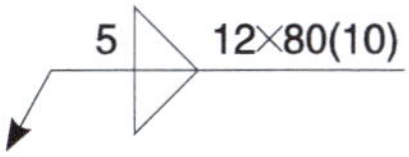

A. 此焊缝为连续角焊缝

B. 此焊缝为断续角焊缝且间隔10 mm

C. 此焊缝为角焊缝且焊脚尺寸为10 mm

D. 此焊缝长12mm宽80 mm

45.焊缝区和热影响区性能最好的是_____。(D)

A. 气焊　B. 焊条电弧焊　C. 埋弧焊　D. 手工钨极氩弧焊

46.焊缝尺寸标注中，_____的符号是对箭头所指侧的焊缝标注。(A)

A. 实线侧　B. 虚线侧　C. 两侧　D . 不可见侧

十、焊接缺陷

（一）判断题（35）

1.焊接接头中最危险的焊接缺陷是裂纹。(√)

2.焊接时电流过小，焊速过快或者焊条偏离坡口一侧易产生未熔合。(√)

3.氩气对电弧的冷却作用小，所以电弧在氩气中燃烧时，热量损耗大，稳定性比较差。(×)

4.裂纹是焊接接头中最危险的缺陷，但裂纹尖端不一定存在应力集中现象。(×)

5.钢中磷会使钢产生热脆性，硫会使钢产生冷脆性。(×)

6.焊后消氢处理的目的是加快焊接接头中氢的溢出，以防止冷裂纹的产生。(√)

7.结晶裂纹多发生在杂质较多的碳钢、低中合金钢、奥氏体钢、镍基合金及铝中，是沿晶间开裂，晶界有液膜，裂纹断口有氧化色彩的一种缺陷。(√)

8.奥氏体钢中的含碳量为0.02%～0.03%时则全部碳溶解在奥氏体

中，即使加热450～850 ℃也不会形成贫铬区，故不会产生晶间腐蚀。(√)

9.镍基合金具有较高的焊接冷裂纹敏感性，在弧坑易产生裂纹。(×)

10.焊缝中较易出现的两种缺陷是气孔和夹渣，钨极氩弧焊时焊缝中的夹钨，实际上也是一种夹渣。(√)

11.为防止发生脆断及应力腐蚀，焊后常要求进行消除应力热处理，这样做同时可以防止再热裂纹的产生。(×)

12.由于焊接高温过程中，奥氏体晶界上的低熔共晶被重新熔化，金属的塑性和强度急剧下降，同时在拉伸应力作用下沿奥氏体晶界开裂，而形成液化裂纹。(√)

13.夹渣是由于焊接电流过小，焊接速度过快，坡口角度过小等，使熔渣浮不到熔池表面而引起的。(√)

14.冷裂纹防止措施应当从降低扩散氢含量、改善组织和降低焊接应力等方面来防止冷裂纹的产生。(√)

15.未焊透通常发生在单面焊根部和双面焊中部。(√)

16.焊前清理待焊区的油、锈及其他污物，可防止气孔和裂纹的产生。(√)

17.焊缝形状缺陷可以通过外观检查发现，可采用修磨补焊方法消除。(√)

18.由于焊接参数选择不当，或操作方法不正确，沿焊趾的母材部位产生的沟漕或凹陷叫未熔合。(×)

19.在焊接熔池中，碳被空气直接氧化或通过冶金反应都会生成一氧化碳。(√)

20.焊接时开坡口留钝边的目的是为了使接头根部焊透。(×)

21.弧坑也是凹坑的一种，它是指弧焊时，由于断弧或收弧不当，在焊道中端形成低于母材表面的凹陷现象。(×)

22.未焊透直接减小接头的有效面积，降低了焊缝的承载能力，并易在根部尖角处产生较大的应力集中，诱发产生裂纹，是一种危害性较大的缺陷。(√)

23.夹渣的几何形状不规则，往往存在棱角或尖角，易造成应力集中，常是裂纹的起源。(√)

24.焊件冷却一段时间后，就不会发生冷裂纹了。(×)

25.夹渣会引起应力集中，因此焊接结构不允许有夹渣存在。(×)

26.焊条烘干温度过高而使药皮中部分成分变质失效，会使焊缝产生气孔。(√)

27.铜和铜合金焊接时，焊丝中加入脱氧元素的目的是为了防止热裂纹。(√)

28.选择合适的焊接参数，适当提高焊缝成形系数，采用多层多道焊法，能防止热裂纹的产生。(√)

29.焊后消氢处理主要是使扩散氢能充分从焊缝中逸出，对于防止延迟裂纹有明显的效果。(√)

30.焊缝中的气体形成的气孔对焊缝的性能影响很大，它会使焊缝的有效工作截面积减少，降低了焊缝的力学性能，破坏焊缝的致密性。(√)

31.焊缝的层间未熔合现象很多是由于焊工操作不当或者焊接电流过小引起的。(√)

32.焊缝外观尺寸不符合要求主要表现在焊缝过高、过低、过宽、过窄、焊缝高低不平、宽窄不齐等。(√)

33.清除焊件表面的铁锈、油漆等污物的目的是提高焊缝金属的强度。(×)

34.在焊接生产中出现的裂纹形式是多种多样的，大部分裂纹出现在焊缝表面，焊缝根部不易出现裂纹但容易出现气孔。(×)

35.低熔点共晶的存在是冷裂纹产生的内因，焊接拉应力是冷裂纹形成的外因，外因通过内因而起作用。(×)

（二）选择题（39）

1.造成咬边的主要原因是由于焊接时焊接电流_____，电弧过长及角度不当。（B）

A. 过小 B. 过大 C. 相等 D. 不同

2.造成凹坑的主要原因是，在收弧时未填满弧坑、_____。（A）

A. 电弧过长及角度不当 B. 电弧过短及角度不当

C. 电弧过短及角度太小 D. 电弧过长及角度太小

3.焊接时，焊缝坡口钝边过大，坡口角度太小，焊根未清理干净或间隙太小会造成_____缺陷。（C）

A. 气孔 B. 焊瘤 C. 未焊透 D. 凹坑

4.碱性焊条比酸性焊条的焊缝抗裂性_____。（C）

A. 相同 B. 差 C. 好 D. 不确定

5.HAF603 规定手工焊焊缝表面的咬边深度≤0.5 mm，焊缝两侧咬边总长度不得超过焊缝总长度的_____。（D）

A. 25% B. 15% C. 20% D. 10%

6.下列裂纹类型当中，不属于冷裂纹范畴的是_____。（D）

A. 延迟裂纹 B. 淬硬脆化裂纹

C. 低塑性脆化裂纹 D. 结晶裂纹

7.钨极氩弧焊熄弧过程中，采用电流衰减的目的是为了防止产生_____。（B）

A. 未焊透 B. 弧坑裂纹 C. 内凹 D. 烧穿

8.核电厂奥氏体不锈钢管道焊缝，在运行过程中最容易产生的缺陷是_____。（D）

A. 热疲劳裂纹 B. 低周疲劳裂纹

C. 辐照脆化和时效老化 D. 晶间应力腐蚀裂纹

9.气孔、夹渣、偏析等缺陷大多产生于_____。（C）

A. 热影响区的再结晶区 B. 热影响区的不完全重结晶区

C. 焊缝金属一次结晶过程 D. 焊缝金属二次结晶过程

10.焊缝中心形成的热裂纹一般是由于_____。（D）

A. 晶内偏析的结果 B. 晶间偏析的结果

C. 层状偏析的结果 D. 区域偏析的结果

11.不易淬火钢的熔合区和过热区会出现_____。（A）

A. 脆性增大 B. 塑性提高 C. 韧性提高 D. 耐腐蚀性提高

12.焊接过程中收弧不当会产生气孔及_____。（B）

A. 夹渣　　B. 弧坑裂纹　　C. 咬边　　D. 焊瘤

13.防止冷裂纹的有效措施是_____。（A）

A. 焊前预热　B. 填满弧坑　C. 采用酸性焊条　D. 焊后快冷

14.影响冷裂纹产生的因素之一是_____。（A）

A. 淬硬组织　　B. 低熔点化合物　　C. 偏析　　D. 咬边

15.电弧焊当焊接电流过小时，以下说法正确的是_____。（D）

A. 飞溅和烟雾过大　　B. 焊条药皮成块脱落

C. 容易烧穿　　D. 无法形成焊道

16.焊接时硫的主要危害是产生_____缺陷。（C）

A. 气孔　　B. 飞溅　　C. 热裂纹　　D. 冷裂纹

17.焊接易淬火的低合金钢时，为防止_____，应采用预热、控制层间温度和后热等措施。（A）

A. 冷裂纹　　B. 气孔　　C. 夹渣　　D. 未熔合

18.焊接缺陷可能发生的位置在_____。（D）

A. 熔合区　　B. 热影响区　　C. 焊缝　　D. 以上全部

19.以下_____缺陷肯定属于焊缝的外部缺陷。（C）

A. 气孔　　B. 夹杂　　C. 咬边　　D. 未熔合

20.内凹缺陷易出现在对接接头_____焊位上。（B）

A. 立焊　　B. 仰焊　　C. 平焊　　D. 横焊

21.在奥氏体不锈钢焊接中，碳显著_____晶间腐蚀的敏感性。（B）

A. 减少　　B. 增大　　C. 不影响　　D. 不增大

22.碳钢随着钢中含碳量的增加，常温下的强度_____。（B）

A. 增高，塑性、韧性也增高，焊接性变好

B. 增高，塑性、韧性降低，焊接性变差

C. 增高，塑性、韧性增高，焊接性变差

D. 降低，塑性、韧性降低，焊接性变好

23.电子束焊缝特有的缺陷有_____。（A）

A. 冷隔　　B. 未熔合　　C. 气孔　　D. 未焊透

24.不属于未焊透常采取的防止措施是_____。（D）

A. 正确选用坡口形式和装配间隙

B. 选择合适的焊接参数

C. 采取正确的焊条或焊枪角度并保持电弧轨迹位于焊道中心

D. 选用大直径焊条或焊丝

25.不属于焊缝夹渣缺陷的主要危害是_____。（C）

A. 易造成焊缝应力集中

B. 减低了焊缝的力学性能

C. 常常伴随着气孔的出现

D. 易使焊接结构在承载时遭受破坏

26.压力容器在坡口面上进行堆焊的目的是预防_____。（C）

A. 咬边　　B. 焊穿　　C. 裂纹　　D. 焊穿和未熔合

27.焊缝射线照相是检验焊缝_____准确而可靠的方法之一。（B）

A. 外部缺陷　　B. 内部缺陷　　C. 表面缺陷　　D. 底部缺陷

28.可有效防止夹渣的措施是_____。（A）

A. 认真清除层间熔渣　　B. 焊前预热

C. 烘干焊条　　D. 采用多层多道焊

29.焊条电弧焊时可防止产生气孔的措施是_____。（B）

A. 减小坡口角度　　B. 采用短弧焊接

C. 选用碱性焊条　　D. 加强层间清理

30.对于高强钢的多层焊，层间温度应______于预热温度；否则，同样会产生冷裂纹。（A）

A. 不低　　B. 不高　　C. 等于　　D. 略低

31.产生未焊透的原因是_____。（C）

A. 焊接电流大，焊条移速快　　B. 焊接电流大，焊条移速慢

C. 焊接电流小，焊条移速快　　D. 焊接电流小，焊条移速慢

32.低碳钢和低合金钢焊接时产生的氢气孔，多数情况下出现在焊缝_____。（A）

A. 表面　　B. 内部　　C. 根部　　D. 焊趾

33.钨极氩弧焊焊接不锈钢时，当焊缝表面呈______时，表示气体保护效果最好。（C）

A. 蓝色　　B. 黑色　　C. 银白色　　D. 灰色

34.在焊接过程中，总会产生些残余应力，只要有腐蚀介质作用，就会产生_____裂纹。（C）

A. 结晶　　B. 再热　　C. 应力腐蚀　　D. 延迟

35.熔化极气体保护焊焊缝产生裂纹的主要原因是_____。（B）

A. 焊嘴与焊件距离大　　B. 焊缝的深宽比过大

C. 焊缝末端的弧坑冷却慢　　D. 焊道过宽

36.焊瘤一般是指_____。（D）

A. 焊缝的几何尺寸不符合要求

B. 焊趾的母材部位产生的沟漕或凹陷

C. 焊缝正面塌陷、背面凸起

D. 熔化金属流淌到焊缝之外未熔化的母材上所形成的瘤

37.焊接时，保护气体不纯，存在较多水分，主要会产生_____。（D）

A. 一氧化碳气孔　　B. 氮气孔　　C. 二氧化碳气孔　　D. 氢气孔

38.焊缝中经常产生的工艺缺陷，如气孔、夹渣、裂纹、未焊透和咬边等，都会在其周围引起应力集中，其中_____和_____引起的应力集中最为严重。(C)

A. 气孔、夹渣　　B. 气孔、裂纹

C. 裂纹、未焊透　　D. 咬边、未焊透

39.外观检验不能发现的焊缝缺陷是_____。(D)

A. 咬边　　B. 焊瘤　　C. 弧坑裂纹　　D. 内部夹渣

十一、焊接应力和变形

（一）判断题（39）

1.在其它工艺参数不变的条件下,焊接速度快则焊件变形小。（√）

2.任何构件焊接后，总是同时存在残余应力和残余变形。（√）

3.在其他工艺参数不变的条件下,焊接电流大则焊件变形大。（√）

4.对焊件进行焊后热处理是为了减小焊接变形。（×）

5.焊接残余应力是在没有外力的条件下,平衡于焊件内部的应力。（√）

6.反变形法是生产中经常使用的控制焊接变形的工艺措施。（√）

7.焊接过程中采用的热输入越大，产生的热压缩塑性变形也越大，焊接变形也增大。（√）

8.焊件焊后进行整体高温回火，既可以消除应力，又可以消除焊接变形。（×）

9.未经焊后热处理的焊接容器进行水压试验时，同时具有降低焊接残余应力的作用。（√）

10.采用对称的焊接方法可以减少焊件的波浪变形。（×）

11.安全壳钢衬里的筒体在现场焊接时，除采用合理的焊接顺序，在其背面加固骑马铁、靠板等刚性固定方法是减小变形的重要手段。（√）

12.焊件的变形量与刚性有关，在相同力作用下，刚性愈大，则变形愈大，刚性愈小，变形愈小。（×）

13.合理的安排焊缝布局和接头位置，尽可能增加焊缝数量是减少变形的关键。（×）

14.采用合理的焊接方向和顺序是减小焊接变形的有效方法。（√）

15.产生焊接应力和焊接变形的主要原因有：不均匀温度场和刚性拘束、组织转变引起的体积变化等。（√）

16.对接焊缝和角焊缝的坡口、焊缝尺寸越大，角变形越小。（×）

17.采用较大的焊接热输入，既能减小焊接变形，又能减小焊接应力。（×）

18.焊接变形会引起焊件的形状尺寸超差，增加加工和矫正的工作量，造成人力和物力的浪费，严重的焊接变形还会造成焊件报废。（√）

19.焊接变形和焊接应力是可以避免的。（×）

20.焊接前的预热有助于减小焊接应力。（√）

21.坡口角度越大的V形坡口，其焊件焊后角变形越大。（√）

22.为了减小应力，应该先焊结构中收缩量最小的焊缝。（×）

23.对接接头的应力集中主要产生在焊趾处。（√）

24.焊接时的热输入是产生焊接应力和变形的决定因素。（√）

25.焊接完成后，对焊缝进行锤击可以释放残余应力，所以对于容易产生应力集中的焊缝都可进行锤击以减少应力对接头性能的影响。（×）

26.在产品或构件的制造过程中，某些情况下可以通过局部加热，在构件的相应部位形成可补偿焊缝收缩的变形，来减小焊接残余应力。（√）

27.焊件或构件在焊接时，不对其进行外部强制约束，焊件内便不会产生焊接残余应力。（×）

28.角变形是由于焊缝纵向收缩引起，因此角变形往往通过反变形法、刚性固定法来加以控制。（×）

29.当焊件拘束度较小时，冷却时能够比较自由地收缩，则焊接变形较大，而焊接残余应力较小。（√）

30.由于奥氏体不锈钢导热系数小而热膨胀系数大，焊接时易于产生较大的变形和焊接应力，因此应尽可能选用焊接能量集中的焊接方法。（√）

31.在焊接过程中，一部分金属在焊接热循环作用下发生相变，组织的转变引起体积变化，产生了应力和变形。（√）

32.焊缝的纵向收缩量，随焊缝的长度、焊缝熔敷金属截面积的增加而增加，随焊件截面积的增加而减少。（√）

33.多层焊对减少焊缝的纵、横向收缩以及由此引起的挠曲和失稳变形是有利的，对于角变形不利。（√）

34.刚性固定法会减少焊接应力，因此适用于刚性较好的焊接结构。（×）

35.热处理法是消除残余应力的有效方法之一，局部热处理要比整体热处理效果好，可以完全消除结构的残余应力。（×）

36.由于焊缝的横向收缩沿焊接方向由小到大，因此，生产中常将焊缝的两端头间隙大小不一，前半部分比后半部分要大。（×）

37.同样厚度的焊件，单道焊比多层多道焊产生的焊接变形小。(×)

38.在其他条件相同时，凹形角焊缝要比凸形角焊缝应力集中小的

多。(√)

39.奥氏体不锈钢焊后，矫正焊接变形只能采用火焰矫正，不能采用机械矫正。(×)

（二）选择题（37）

1.用钢板焊接工字梁时，采用焊接顺序_____，梁的弯曲变形最小。（C）

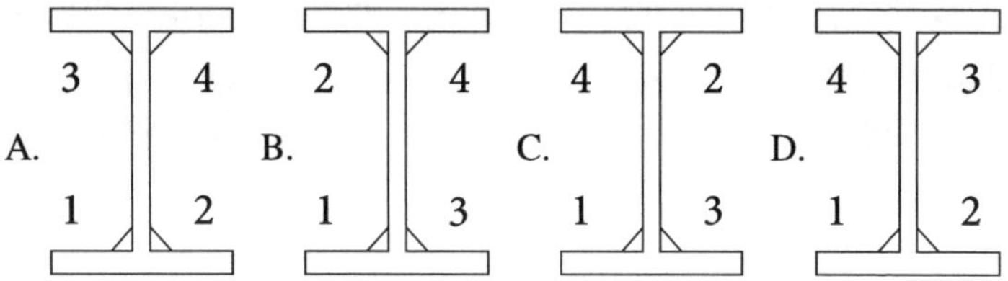

2. V形坡口对接钢板焊接时,_____的焊接角变形最大。（C）

A. 仰焊位置　B. 立焊位置　C. 横焊位置　D. 平焊位置

3.焊前反变形法能够控制_____。（A）

A. 角变形　B. 波浪变形　C. 收缩变形　D. 弯曲变形

4.焊接变形是由于焊接的_____而引起的变形。（C）

A. 热应力　B. 组织应力

C. 热应力或组织应力　D. 热应力和组织应力

5.以下工艺措施中，不能降低焊接应力的措施是_____。（A）

A. 使用热输入量大、能量集中的焊接方法　B. 锤击焊缝

C. 消应力热处理　D. 降低焊缝的拘束度

6.以下方法中，_____不是控制焊接变形的工艺措施。（C）

A. 反变形法　B. 合理的装配和焊接顺序控制变形

C. 不对称焊接法　D. 刚性固定法

7.焊接过程中最基本的变形方式为_____。（D）

A. 角变形　B. 扭曲变形

C. 弯曲变形　D. 纵向收缩和横向收缩变形

8.矫正焊接变形的方法可以分为机械矫正法和_______矫正法两大类。（A）

A. 火焰加热　　B. 锤击　　C. 回火　　D. 退火

9.错边部位将引起_____，并使有效板厚减薄，从而降低结构强度或承载能力。（D）

A. 焊接变形　　B. 应力均匀化　　C. 应力衰减　　D. 应力集中

10.对接焊缝采用_____坡口，焊接变形小。(C）

A. V形　　B. U形　　C. 双面V形　　D. I形

11.薄板焊接最容易产生的变形是_____。（A）

A. 波浪变形　　B. 角变形　　C. 弯曲变形　　D. 不易变形

12.下述说法正确的是_____。（B）

A. 焊缝尺寸对焊接变形无影响

B. 适当减小焊缝尺寸能减小焊接变形

C. 适当增大焊缝尺寸能减小焊接变形

D. 适当减小焊缝尺寸能增大焊接变形

13.下列_____不是焊接应力对结构的影响。（A）

A. 引起结构的内部组织变化

B. 降低结构的使用寿命，易导致脆断

C. 引起裂纹

D. 降低结构的承载能力

14.下列_____不是焊接变形的主要形式。（C）

A. 弯曲变形　　B. 扭曲变形　　C. 残余变形　　D. 角变形

15.火焰矫正时，加热温度一般控制在________℃之间，防止过烧。（D）

A. 300～400　　B. 400～500　　C. 500～600　　D. 600～800

16.焊接变形的矫正方法以下_____为错误。（C）

A. 热处理消除变形　　B. 局部加热矫正

C. 整体降温矫正　　D. 机械方法矫正

17.如图所示是采用的_____方法进行固定。（A）

A. 刚性固定法

B. 机械加压法

C. 强制反变形法

D. 塑性固定法

18.刚性固定法防止焊接变形不适用于_____。（D）

A. 薄板的焊接　　　　　　　　B. 低碳钢结构的焊接

C. 奥氏体不锈钢结构的焊接　D. 容易裂的金属材料和结构的焊接

19.以下结构中，______刚性最大，在同样外力条件下产生的变形最小。（C）

A. 工字梁结构　B. T形梁结构　C. 箱形梁结构　D. L形梁结构

20.以下对于焊接应力描述不正确的是_____。（D）

A. 焊接应力直接影响焊接结构的性能和安全可靠性

B. 焊接应力影响结构的承载力

C. 焊接应力会产生应力腐蚀裂纹

D. 焊接应力会引起焊件的变形，而不会影响结构的疲劳强度

21.钢材的线膨胀系数越大，则焊接时产生的_____。（A）

A. 应力和变形越大　　　　　B. 应力和变形越小

C. 应力大变形小　　　　　　D. 应力小而变形大

22.采用______焊条焊接某些淬硬倾向较大的低、中合金高强钢，能很好避免冷裂纹。（B）

A. 马氏体　B. 奥氏体　C. 铁素体　D. 贝氏体

23.下面_____不属于焊接变形的种类。（D）

A. 角变形　B. 波浪变形　C. 弯曲变形　D. 弹性变形

24.以下做法中不能降低焊接应力的做法是_____。（D）

A. 尽量减少焊缝的尺寸和数量

B. 避免焊缝过分集中和交叉，焊缝间保持足够的距离

C. 采用刚性较小的接头形式

D. 在残余应力为拉应力的区域内，使用几何不连续性的焊缝形式

25.在焊接过程中，焊接电流过大时，导致焊件的应力与变形_____。（A）

A. 增大　B. 减小　C. 不变　D. 不确定

26.对于长焊缝的焊接采用分段退焊的目的是_____。（B）

A. 提高生产率　　B. 减少变形

C. 减少应力　　D. 减少焊缝内部缺陷

27.物体在力的作用下变形，力的作用卸除后变形即消失，恢复到原来形状和尺寸，这种变形是_____。（B）

A. 塑性变形　　B. 弹性变形

C. 残余变形　　D. 应力变形

28.横向收缩变形在焊缝的厚度方向上分布不均匀是引起______的原因。（D）

A. 错边变形　　B. 扭曲变形　　C. 波浪变形　　D. 角变形

29.不同组织的体积不一样，当金属加热或冷却时如发生相变会产生体积变化，奥氏体转变为铁素体或马氏体时，体积_____。（C）

A. 缩小　　B. 不变　　C. 增大　　D. 变化不确定

30.焊后，为改善焊接接头的组织与性能或消除残余应力而进行的热处理为_____。（C）

A. 淬火处理　　B. 后热处理　　C. 焊后热处理　　D. 正火处理

31.焊接构件的弯曲变形主要是由焊缝的_____产生的。（A）

A. 纵向收缩　　B. 横向收缩　　C. 收缩变形　　D. 弹性变形

32.对于长焊件因不均匀加热和冷却，造成焊后两端翘起的变形称为_____。（A）

A. 弯曲变形　　B. 角变形　　C. 扭曲变形　　D. 收缩变形

33.在介质中工作的焊件，如果具有拉伸残余应力，就会使焊件产生_____。（B）

A. 高应力脆断　　B. 低应力脆断　　C. 强度下降　　D. 拉伸变形

34.焊件如果在焊接过程中能够自由收缩，则焊后_____。（A）

A. 变形增大　　B. 变形减小　　C. 应力增大　　D. 变形不变

35.焊接残余拉伸应力的危害性在于_____。（C）

A. 可能引起热裂纹和冷裂纹　　B. 可能引起热裂纹

C. 可能引起冷裂纹　　D. 可能引起层状撕裂

36.疲劳破坏经常造成重大事故是因为_____。（B）

A. 金属材料抗疲劳强度普遍较低

B. 疲劳破坏前没有明显的变形

C. 疲劳强度不好测定　　　　D. 在工业上无法防止疲劳破坏

37.一般来说，焊接残余变形与焊接残余应力的关系是_____。(B)

A. 焊接残余变形大，则焊接残余应力大

B. 焊接残余变形大，则焊接残余应力小

C. 焊接残余变形小，则焊接残余应力小

D. 没关系

十二、焊接安全

（一）判断题（43）

1.焊接、切割用的气体胶管和电缆应妥善固定， 禁止缠挂在焊工身上使用。(√)

2.当焊接设备出现问题时，有经验的焊工可自行打开焊机进行维修。(×)

3.眼睛受到紫外线影响，产生畏光、流泪、眼睛红肿，称为电光性眼炎。(√)

4.利用自动断电装置可以有效的保护焊接操作人和焊接设备。(√)

5.对于有经验的焊工无须参加施工前的技术交底。(×)

6.用酸性焊条焊接时，药皮中的萤石在高温下会产生氟化氢有毒气体。(×)

7.在各种焊接与切割中，一定要按规定佩戴防护用品，以防止有害气体、焊接烟尘弧光等对人体的危害。(√)

8.在电焊机开动情况下，可以接地线和手把线。(×)

9.焊工在拉、合电闸，或接触带电物体时，必须单手进行。(√)

10.氩弧焊采用气体保护，为保证焊接质量，氩弧焊工作现场不能有通风装置。(×)

11.电缆外皮必须完整、绝缘良好、柔软，且绝缘电阻不得小于

10 MΩ。(×)

12.焊条电弧焊时，要穿绝缘鞋、戴电焊手套。(√)

13.埋弧焊时劳动条件较好，无需采用劳动防护装置。(×)

14.对于不同的焊接方法，焊接活动安全有不同的要求和侧重。(√)

15.酸性焊条的发尘量一般高于碱性焊条。(×)

16.在焊接过程中，焊接烟尘是危害工人健康的主要危害之一，对焊接区的通风是排除粉尘和有毒气体的有效措施。(√)

17.氩弧焊接时，电弧光的辐射很强，电弧温度高，所产生的紫外线辐射强度为一般电弧焊的5～30倍。(√)

18.氩弧焊在焊接过程中会产生大量的臭氧和氮氧化物，产生的高浓度有害气体可高达焊条电弧焊的4～7倍，因此作业场地应加强通风。(√)

19.焊接弧光是由紫外线和红外线组成的。(×)

20.焊工尘肺，是指焊工长期吸入超过规定浓度的烟尘与粉尘，所引起的肺组织纤维化的病症。(√)

21.由于焊机空载电压低，焊工在更换焊条时，可以不戴手套。(×)

22.禁止焊工在涂装或喷涂过涂料的容器内焊接。(√)

23.在金属容器和大直径的管道内进行焊接操作时，应保证有人监护，以防止触电。(√)

24.在考虑经济性的条件下，可以多台焊机共用一个电源开关。(×)

25.埋弧自动焊焊剂成分为高锰高硅，对人体不会产生危害。(×)

26.在接地电缆线太短的情况下，可以就近利用车间的钢板、管道等金属物体搭接起来作为焊接导线电缆。(×)

27.在坑井内焊接前，应先检查坑井内有无积聚的一氧化碳或其他可燃气体。(√)

28.焊工在高处作业时应注意防止火花溅落到下方而引起火灾。(√)

29.严禁在带有压力的容器或管道上焊接。(√)

30.焊工在焊接过程中发生触电的主要原因是焊机的空载电压过高。(×)

31.在容器内部焊接时，触电的危险性要比容器外部焊接时大。(√)

32.在核安全设备活动中，焊接是一个重要的加工工艺，在焊接施工中应贯彻“安全第一”的方针。(√)

33.焊条电弧焊焊接设备的空载电压一般为50 ~ 90 V。(√)

34.焊机的一次电源线长度不宜超过2 ~ 3 m，当有临时任务需要较长的电源线时，应沿墙或柱用瓷瓶隔离，高度必须距地面2.5 m以上，不允许将电源线拖在地面上。(√)

35.CO_2气体保护焊时，会生成对人体有害的一氧化碳气体，应加强通风。(√)

36.CO_2气体一般不会爆炸，离热源近些或在太阳下曝晒也无妨。(×)

37.电弧焊面罩既可防弧光和灼伤，又可减轻烟尘和有害气体对人体损害。(√)

38.等离子弧温度高达万度以上，因此有害气体和紫外线辐射是主要危害。(√)

39.焊、割工人在离地面4 m以上的地点进行焊接或切割操作时，称为登高作业。(×)

40.焊工白光眼镜有过滤红外线的作用，能在极短的时间内，起到防止电弧光引起电光性眼炎的作用。(×)

41.电焊机接地电阻不得超过10 Ω。(×)

42.在容器内部施焊时，照明电压应采用36 V。(×)

43.压缩气瓶要有防震胶圈以及防倾倒措施，防止气瓶跌落或受到撞击。(√)

（二）选择题（44）

1.焊接作业点附近_____m远有可燃物禁止焊接。(D)

A. 7　　B. 8　　C. 9　　D. 10

2.焊接电缆外皮必须完好，绝缘电阻不得小于_____MΩ。(A)

A. 1　　B. 2　　C. 3　　D. 4

3.钨极氩弧焊对人体有害的主要因素不包括_____。(D)

A. 防止有害气体中毒　B. 防火　C. 防爆　D. 防辐射

25.电弧辐射不会产生_____。(B)

A. 紫外线辐射　　B. X光辐射

C. 光辐射或眩眼　　D. 红外线辐射

26.焊工在焊接时应注意或防止的不安全因素是_____。(D)

A. 防止电弧辐射及飞溅对人体的损害

B. 防止某些有害气体中毒

C. 避免触电事故，高空作业时佩戴安全带及安全帽等

D. 以上A、B、C

27.对于气体保护焊采用压缩瓶供气的安全操作要点，如下说法错误的是_____。(C)

A. 不能靠近火源

B. 勿暴晒

C. 拧开阀门应快速

D. 要有防震胶圈，且不使气瓶跌落或受到冲击

28.为保证焊工安全施工，如下_____是不正确的。(C)

A. 穿戴好个人防护用品，如：皮手套、面罩、安全帽、绝缘鞋和帆布作业服等

B. 高空作业必须系安全带且不能系在活动的物件上

C. 在密闭容器里焊接时，要接36伏安全灯，垫上干燥的木板或胶皮板，并采取通风、降温、防毒的措施

D. 焊接暂停时，电焊钳必须与工件分开放置，避免短路等等

29.焊工手套应选用耐磨、耐辐射的皮革或棉帆布制成，其长度不应小于_____mm。(C)

A. 150　B. 200　C. 300　D. 400

30.在焊接或切割作业时，在大于或等于_____级大风时应该停止作业。(D)

A. 3　B. 4　C. 5　D. 6

31.焊工的作业面积一般不应小于_____m^2。(B)

A. 2　B. 4　C. 6　D. 9

32.当室内电线或电气设备着火时应采用_____方法灭火。(C)

A. 立即切断电源；用沙子灭火　　B. 用水

C. 立即切断电源，用二氧化碳或四氯化碳灭火　　D. 用一氧化碳

33.氧气、乙炔气和液化石油气的专用减压器，______互换使用和替用。(C)

A. 可以　　B. 应该　　C. 禁止　　D. 通常

34.在三相四线制供电系统中，焊接电源的外壳必须可靠地______保护。(B)

A. 接地　B. 接零线　C. 接火线　D. 以上都可以

35.焊条电弧焊的安全特点决定了在焊条电弧焊操作时，必须注意安全与防护，安全防护措施不包括_____。(A)

A. 防风　　B. 防火防爆　　C. 防止触电　　D. 防止弧光辐射

36.以下疾病中不属于焊工职业病的是_____。(A)

A. 青光眼　　B. 尘肺病　　C. 气体中毒　　D. 电光性眼疾

37.狭窄空间主要是指：无窗户地下室、封闭管道、锅炉压力容器等条件下的焊接环境，在此环境下作业不正确的措施是_____。(A)

A. 焊工独自作业

B. 狭窄空间的分离（关闭阀门、法兰连接断开）

C. 安全哨位（必须时刻与工作者保持接触、监护，不得擅自离岗）

D. 通过容器内部结构部分对危险物质实施防护措施

38.为了削弱高频电磁场的影响，减少高频电作用时间，以下措施错误的是_____。(B)

A. 工件良好接地，焊枪电缆和地线要用金属编织线屏蔽

B. 不用采取防护措施

C. 适当降低频率

D. 尽量不要使用高频振荡器作为稳弧装置，减少高频电作用时间

39.以下说法错误的是_____。(B)

A. 在焊接时一定要按规定佩戴防护用品

B. 国家标准规定，当噪声超过185 dB时，应采取隔声、消声等控制技术

C. 焊工在焊接中必须佩戴护目镜

D. 在高空交叉作业现场，为预防高空及外界飞来物的危害，焊工还应戴安全帽

40.以下说法错误的是_____。(D)

A. 所有用电的焊工，都有触电的危险，必须懂得安全用电常识

B. 电流引起的心室颤动是电击致死的主要原因

C. 根据人能触及的电压，可将触电分为单相触电和两相触电

D. 两相触电时的电压为交流220 V，危险性较大

41.以下说法错误的是_____。(C)

A. 焊工长期吸入高浓度电焊烟尘，导致在肺内蓄积，引起尘肺

B. 当氩弧焊时，空气中的氧气由于电弧发出的紫外线辐射，引起光化学反应，产生臭氧

C. 在密闭房间内没有通风措施时，可以适当进行氩弧焊操作

D. 焊工个人感觉有职业病征兆时，应及时到医院就诊，早期治疗

42. 氧气瓶一般应_____放置，并必须安放稳固。（C）

A. 水平　　B. 倾斜　　C. 直立　　D. 倒立

43. 氧气瓶在阳光下曝晒可能产生_____。（C）

A. 泄漏　　B. 氧气不纯　　C. 爆炸　　D. 燃烧

44.气瓶阀冻结时解冻的方法是_____。（B）

A. 使用火烤　　B. 使用45～60 ℃热水

C. 使用电吹风加热　　D. 锤击

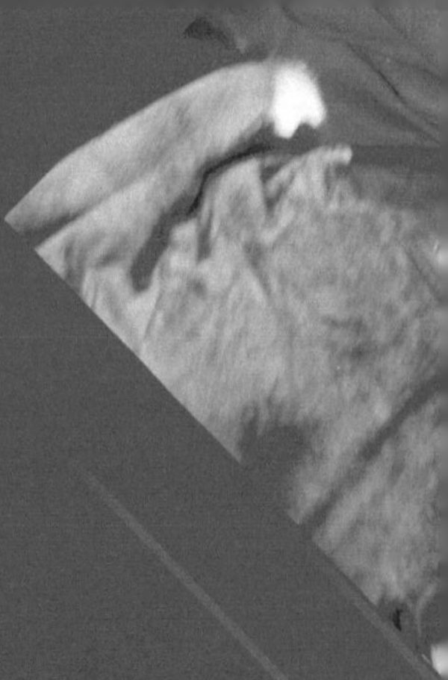

安全 品质

焊工考核中心基本信息及考核活动范围

民用核安全设备焊工焊接操作工考核中心基本信息

序号	考核中心	考点地址	联系人	联系电话
1	中国核工业二三建设有限公司	广东省惠州市惠阳区沙田镇田头佛龙工业区 浙江省嘉兴市海盐县秦山街道金禾路北侧秦山分公司厂区 北京市顺义区林河开发区顺康路58号	刘红	010-57968907
2	中国核工业二四建设有限公司	福建省福清市三山镇前薛村福清核电项目部	邓克剑	010-61592836
3	中国能源建设集团江苏省电力建设第三工程有限公司	江苏省镇江市丁卯桥路138号	冯红梅	0511-85582979 13815487652
4	中国核工业第五建设有限公司	上海市金山区龙胜路1070号 山东省海阳市海阳核电施工现场中核五公司海阳核电工程施工总承包部	严得忠	021-57957353 13918376636
5	中国核工业第二二建设有限公司	浙江省海盐县西塘桥街道滨海大道1699号	肖志威	0573-86403605
6	中国核工业华兴建设有限公司	江苏省南京市江宁区滨江开发区天成路58号	赵晏华	025-87132865 13952546797
7	大连宝原核设备有限公司	辽宁省大连市保税区填海区ⅢD-11	石琳	0411-88013313
8	西安核设备有限公司	陕西省西安市未央区渭滨街5号	谭启信	13228051571 029-86158084
9	上海电气核电设备有限公司	上海市浦东新区层林路77号	尹崭新	021-38220331
10	上海电气电站设备有限公司	上海市杨浦区杨树浦路1900号	宦凌	021-65431040转1288 13817757466
11	中国第一重型机械股份公司	大连市甘井子区大连湾镇棉港路1号	徐凤 王卓	0411-39539603 0411-39587140
12	东方电气集团东方锅炉股份有限公司	四川省自贡市自流井区五星街黄桷坪路150号	李泳波 何胜祥	0813-4733704 0813-4732679
13	哈电集团（秦皇岛）重型装备有限公司	河北省秦皇岛市经济技术开发区（东区）动力路5号	邹亮	0335-5937824
14	山东核电设备制造有限公司	山东省海阳市凤城街道益港路9号	于立学	0535-3305422 18660082127
15	东方电气（广州）重型机器有限公司	广东省广州市南沙区黄阁镇连溪大道313号	邹杰	020-34688093 13763302867

中国核工业二三建设有限公司民用核安全设备焊工焊接操作工考核中心考核活动范围表

<table>
<tr><th>考点地址</th><th colspan="2">焊接方法</th></tr>
<tr><td rowspan="9">浙江省嘉兴市海盐县秦山街道金禾路北侧秦山分公司厂区</td><td rowspan="5">常用焊接方法</td><td>焊条电弧焊</td></tr>
<tr><td>手工钨极氩弧焊</td></tr>
<tr><td>自动钨极氩弧焊</td></tr>
<tr><td>熔化极半自动气体保护焊</td></tr>
<tr><td>药芯焊丝半自动电弧焊</td></tr>
<tr><td colspan="2">专项焊接种类及项目</td></tr>
<tr><td>X类</td><td>双相钢焊接</td></tr>
<tr><td rowspan="2">Z类</td><td>特殊的密封接头（顶盖、Ω接头等）焊接（Z3）</td></tr>
<tr><td>管子的承插焊（Z4）</td></tr>
<tr><th>考点地址</th><th colspan="2">焊接方法</th></tr>
<tr><td rowspan="9">广东省惠州市惠阳区沙田镇佛龙工业区，中核二三惠州分公司</td><td rowspan="5">常用焊接方法</td><td>焊条电弧焊</td></tr>
<tr><td>手工钨极氩弧焊</td></tr>
<tr><td>自动钨极氩弧焊</td></tr>
<tr><td>熔化极半自动气体保护焊</td></tr>
<tr><td>药芯焊丝半自动电弧焊</td></tr>
<tr><td colspan="2">专项焊接种类及项目</td></tr>
<tr><td>X类</td><td>双相钢焊接</td></tr>
<tr><td rowspan="2">Z类</td><td>特殊的密封接头（顶盖、Ω接头等）焊接（Z3）</td></tr>
<tr><td>管子的承插焊（Z4）</td></tr>
<tr><th>考点地址</th><th colspan="2">焊接方法</th></tr>
<tr><td rowspan="9">北京市顺义区林河开发区顺康路58号</td><td rowspan="7">常用焊接方法</td><td>焊条电弧焊</td></tr>
<tr><td>手工钨极氩弧焊</td></tr>
<tr><td>自动钨极氩弧焊</td></tr>
<tr><td>熔化极自动气体保护焊</td></tr>
<tr><td>熔化极半自动气体保护焊</td></tr>
<tr><td>药芯焊丝半自动电弧焊</td></tr>
<tr><td>螺柱焊</td></tr>
<tr><td colspan="2">专项焊接种类及项目</td></tr>
<tr><td>Z类</td><td>管子的承插焊（Z4）</td></tr>
</table>

中国核工业第二四建设有限公司民用核安全设备焊工焊接操作工考核中心考核活动范围表

<table>
<tr><th>考点地址</th><th colspan="2">焊接方法</th></tr>
<tr><td rowspan="10">福建省福清市三山镇前薛村中国核工业二四建设有限公司福清核电项目部</td><td rowspan="7">常用焊接方法</td><td>焊条电弧焊</td></tr>
<tr><td>手工钨极氩弧焊</td></tr>
<tr><td>自动钨极氩弧焊</td></tr>
<tr><td>熔化极半自动气体保护焊</td></tr>
<tr><td>药芯焊丝半自动电弧焊</td></tr>
<tr><td>埋弧焊</td></tr>
<tr><td>螺柱焊</td></tr>
<tr><td colspan="2">专项焊接种类及项目</td></tr>
<tr><td>X类</td><td>双相钢焊接</td></tr>
</table>

中国能源建设集团江苏省电力建设第三工程有限公司民用核安全设备焊工焊接操作工考核中心考核活动范围表

<table>
<tr><th>考点地址</th><th colspan="2">焊接方法</th></tr>
<tr><td rowspan="6">江苏省镇江市学府路28号</td><td rowspan="6">常用焊接方法</td><td>气焊</td></tr>
<tr><td>焊条电弧焊</td></tr>
<tr><td>手工钨极氩弧焊</td></tr>
<tr><td>熔化极半自动气体保护焊</td></tr>
<tr><td>药芯焊丝半自动电弧焊</td></tr>
<tr><td>埋弧焊</td></tr>
<tr><td>广东省阳江市阳东县东平镇广东火电阳江核岛项目部</td><td>Y类
（中国能源建设集团广东火电工程有限公司）</td><td>自动钨极氩弧焊</td></tr>
</table>

中国核工业第五建设有限公司民用核安全设备焊工焊接操作工考核中心考核活动范围表

考点地址	焊接方法		
上海市金山区石化卫五北路198号	常用焊接方法	焊条电弧焊	手工钨极氩弧焊
		自动钨极氩弧焊	埋弧焊
		熔化极半自动气体保护焊	药芯焊丝自动电弧焊
		药芯焊丝半自动电弧焊	熔化极自动气体保护焊
		螺柱焊	/
	专项焊接种类及项目		
	X类	双相钢焊接	
	Z类	奥氏体–铁素体不锈钢堆焊和镍基合金的堆焊和预堆边焊（Z1）	
		特殊的密封接头（顶盖、Ω接头等）焊接（Z3）	
		管子的承插焊（Z4）	
		耐磨堆焊（Z6）	
考点地址	焊接方法		
山东省海阳市海阳核电施工现场，中核五公司海阳核电工程施工总承包部	常用焊接方法	焊条电弧焊	
		手工钨极氩弧焊	
		自动钨极氩弧焊	
		熔化极自动气体保护焊	
		熔化极半自动气体保护焊	
		药芯焊丝自动电弧焊	
		药芯焊丝半自动电弧焊	
		螺柱焊	
	专项焊接种类及项目		
	X类	双相钢焊接	
	Z类	奥氏体–铁素体不锈钢堆焊和镍基合金的堆焊和预堆边焊（Z1）	
		特殊的密封接头（顶盖、Ω接头等）焊接（Z3）	
		管子的承插焊（Z4）	
		耐磨堆焊（Z6）	
苏州市珠江路501号	Y类（中核苏阀科技实业股份有限公司）	耐磨堆焊（Z6）	

中国核工业第二二建设有限公司民用核安全设备焊工焊接操作工考核中心考核活动范围表

考点地址	焊接方法	
浙江省海盐县西塘桥街道滨海大道1699号	常用焊接方法	焊条电弧焊
		手工钨极氩弧焊
		熔化极自动气体保护焊
		熔化极半自动气体保护焊
		药芯焊丝自动电弧焊
		药芯焊丝半自动电弧焊
		埋弧焊
		螺柱焊
	专项焊接种类及项目	
	X类	双相钢焊接

中国核工业华兴建设有限公司民用核安全设备焊工焊接操作工考核中心考核活动范围表

考点地址	焊接方法	
江苏省南京市江宁区滨江开发区天成路58号	常用焊接方法	焊条电弧焊
		手工钨极氩弧焊
		自动钨极氩弧焊
		熔化极自动气体保护焊
		熔化极半自动气体保护焊
		药芯焊丝自动电弧焊
		药芯焊丝半自动电弧焊
		埋弧焊
		螺柱焊
	专项焊接种类及项目	
	X类	双相钢焊接
	Z类	管子的承插焊（Z4）
		耐磨堆焊（Z6）

大连宝原核设备有限公司民用核安全设备焊工焊接操作工考核中心考核活动范围表

<table>
<tr><th>考点地址</th><th colspan="2">焊接方法</th></tr>
<tr><td rowspan="13">辽宁省大连市保税区填海区III D-11（项目考试）
辽宁省大连市保税区东环路IB-391-7层（理论考试）</td><td rowspan="7">常用焊接方法</td><td>焊条电弧焊</td></tr>
<tr><td>手工钨极氩弧焊</td></tr>
<tr><td>自动钨极氩弧焊</td></tr>
<tr><td>熔化极半自动气体保护焊</td></tr>
<tr><td>药芯焊丝半自动电弧焊</td></tr>
<tr><td>埋弧焊</td></tr>
<tr><td>带极堆焊</td></tr>
<tr><td colspan="2">专项焊接种类及项目</td></tr>
<tr><td>X类</td><td>铝合金焊接</td></tr>
<tr><td rowspan="4">Z类</td><td>奥氏体–铁素体不锈钢堆焊和镍基合金的堆焊和预堆边焊（Z1）</td></tr>
<tr><td>热交换器或蒸汽发生器管子管板焊接（Z2）</td></tr>
<tr><td>管子的承插焊（Z4）</td></tr>
<tr><td>耐磨堆焊（Z6）</td></tr>
</table>

西安核设备有限公司民用核安全设备焊工焊接操作工考核中心考核活动范围表

<table>
<tr><th>考点地址</th><th colspan="2">焊接方法</th></tr>
<tr><td rowspan="12">陕西省西安市未央区渭滨街5号</td><td rowspan="7">常用焊接方法</td><td>焊条电弧焊</td></tr>
<tr><td>手工钨极氩弧焊</td></tr>
<tr><td>自动钨极氩弧焊</td></tr>
<tr><td>熔化极半自动气体保护焊</td></tr>
<tr><td>药芯焊丝半自动电弧焊</td></tr>
<tr><td>埋弧焊</td></tr>
<tr><td>带极堆焊</td></tr>
<tr><td colspan="2">专项焊接种类及项目</td></tr>
<tr><td>X类</td><td>钛及钛合金</td></tr>
<tr><td rowspan="3">Z类</td><td>奥氏体–铁素体不锈钢和镍基合金的堆焊和预堆边焊（Z1）</td></tr>
<tr><td>热交换器或蒸汽发生器管子管板焊接（Z2）</td></tr>
<tr><td>耐磨堆焊（Z6）</td></tr>
</table>

上海电气核电设备有限公司民用核安全设备焊工焊接操作工考核中心考核活动范围表

<table>
<tr><th>考点地址</th><th colspan="2">焊接方法</th></tr>
<tr><td rowspan="16">上海市浦东新区层林路77号</td><td rowspan="8">常用焊接方法</td><td>气焊</td></tr>
<tr><td>焊条电弧焊</td></tr>
<tr><td>手工钨极氩弧焊</td></tr>
<tr><td>自动钨极氩弧焊</td></tr>
<tr><td>熔化极半自动气体保护焊</td></tr>
<tr><td>药芯焊丝半自动电弧焊</td></tr>
<tr><td>埋弧焊</td></tr>
<tr><td>带极堆焊</td></tr>
<tr><td colspan="2">专项焊接种类及项目</td></tr>
<tr><td>X类</td><td>双相钢焊接</td></tr>
<tr><td rowspan="5">Z类</td><td>奥氏体–铁素体不锈钢和镍基合金的堆焊和预堆边焊（Z1）</td></tr>
<tr><td>热交换器或蒸汽发生器管子管板焊接（Z2）</td></tr>
<tr><td>特殊的密封接头（顶盖、Ω接头等）焊接（Z3）</td></tr>
<tr><td>管子的承插焊（Z4）</td></tr>
<tr><td>耐磨堆焊（Z6）</td></tr>
<tr><td rowspan="3">上海市浦东新区临港新城倚天路185号</td><td rowspan="3">Y类
（上海第一机床厂有限公司）</td><td>电子束焊</td></tr>
<tr><td>自动钨极氩弧焊</td></tr>
<tr><td>激光焊</td></tr>
</table>

上海电气电站设备有限公司民用核安全设备焊工焊接操作工考核中心考核活动范围表

考点地址	焊接方法		
上海市杨浦区杨树浦路1900号	常用焊接方法	气焊	焊条电弧焊
		手工钨极氩弧焊	自动钨极氩弧焊
		熔化极半自动气体保护焊	药芯焊丝半自动电弧焊
		埋弧焊	带极堆焊
	专项焊接种类及项目		
	X类	双相钢焊接	
		钛及钛合金焊接	
	Z类	奥氏体–铁素体不锈钢和镍基合金的堆焊和预堆边焊(Z1)	
		热交换器或蒸汽发生器管子管板焊接(Z2)	
		特殊的密封接头（顶盖、Ω接头）焊接(Z3)	
		管子的承插焊(Z4)	
		耐磨堆焊(Z6)	
四川省都江堰市经济开发区龙翔路5号	Y类 四川华都核设备制造有限公司	自动钨极氩弧焊	
上海市虹中路263号	Y类 上海威尔泰工业自动化股份有限公司	自动钨极氩弧焊	
重庆北碚龙凤一村七号	Y类 重庆川仪自动化股份有限公司	手工钨极氩弧焊	
上海市浦东新区祝桥镇空港工业区金闻路29号	Y类 上海森松压力容器有限公司	自动钨极氩弧焊	

焊工考核活动范围

考点地址	焊接方法	
江苏省江阴市霞客镇峭岐人民路465号	Y类 阿法拉伐（江阴）设备制造有限公司	电阻焊
苏州市吴江区黎里镇康力大道777号	Y类 吴江市东吴机械有限责任公司	电阻焊
江苏省启东市南阳镇工业区	Y类 江苏神通阀门股份有限公司	自动等离子弧焊
甘肃省兰州市七里河区西津西路192号	Y类 兰州兰石换热设备有限责任公司	电阻焊
山西省晋城市凤台东街2755号	Y类 中船重工特征设备有限责任公司	自动钨极氩弧焊
上海市崇明县城桥镇秀山路123号	Y类 上海自动化仪表有限公司	自动等离子弧焊
沈阳经济技术开发区开发大路16号甲	Y类 沈阳鼓风机集团核电泵业有限公司	粉末等离子弧堆焊
广东省深圳市大鹏新区大亚湾核电基地	Y类 大亚湾核电运营管理有限责任公司	自动钨极氩弧焊
哈尔滨市哈南工业新城核心区哈南三路6号	Y类 哈尔滨电气动力装备有限公司	自动等离子弧焊
浙江省湖州市南浔区双林镇西久立集团	Y类 浙江久立特材科技股份有限公司	自动等离子弧焊
		自动钨极氩弧焊

中国第一重型机械股份公司民用核安全设备焊工焊接操作工考核中心考核活动范围表

考点地址	焊接方法	
辽宁省大连市甘井子大连湾镇棉花岛村棉港路1号	常用焊接方法	焊条电弧焊
		电子束焊
		手工钨极氩弧焊
		自动钨极氩弧焊
		熔化极半自动气体保护焊
		药芯焊丝半自动电弧焊
		埋弧焊
		带极堆焊
	专项焊接种类及项目	
	Z类	奥氏体–铁素体不锈钢和镍基合金的堆焊和预堆边焊（Z1）
		热交换器或蒸汽发生器管子管板焊接（Z2）
		特殊的密封接头（顶盖、Ω接头等）焊接（Z3）
		管子的承插焊（Z4）
		耐磨堆焊（Z6）

东方电气集团东方锅炉股份有限公司民用核安全设备焊工焊接操作工考核中心考核活动范围表

<table>
<tr><th>考点地址</th><th colspan="3">焊接方法</th></tr>
<tr><td rowspan="10">四川省自贡市自流井区黄桷坪路150号</td><td rowspan="4">常用焊接方法</td><td>气焊</td><td>焊条电弧焊</td></tr>
<tr><td>手工钨极氩弧焊</td><td>自动钨极氩弧焊</td></tr>
<tr><td>熔化极半自动气体保护焊</td><td>药芯焊丝半自动电弧焊</td></tr>
<tr><td>埋弧焊</td><td>带极堆焊</td></tr>
<tr><td colspan="3">专项焊接种类及项目</td></tr>
<tr><td rowspan="5">Z类</td><td colspan="2">奥氏体–铁素体不锈钢和镍基合金的堆焊和预堆边焊（Z1）</td></tr>
<tr><td colspan="2">热交换器或蒸汽发生器管子管板焊接（Z2）</td></tr>
<tr><td colspan="2">特殊的密封接头（顶盖、Ω接头等）焊接（Z3）</td></tr>
<tr><td colspan="2">管子的承插焊（Z4）</td></tr>
<tr><td colspan="2">耐磨堆焊（Z6）</td></tr>
<tr><td rowspan="2">湖北省武汉市江夏区庙山经济开发区阳光大道8号</td><td rowspan="2">Y类
东方电气（武汉）核设备有限公司</td><td colspan="2">自动钨极氩弧焊</td></tr>
<tr><td colspan="2">电子束焊</td></tr>
<tr><td>四川省德阳市珠江西路460号</td><td>Y类
二重集团（德阳）重型装备股份有限公司</td><td colspan="2">自动钨极氩弧焊</td></tr>
<tr><td>四川省德阳市高新技术产业园区金沙江西路666号</td><td>Y类
东方电气集团东方汽轮机有限公司</td><td colspan="2">自动钨极氩弧焊</td></tr>
</table>

哈电集团（秦皇岛）重型装备有限公司民用核安全设备焊工焊接操作工考核中心考核活动范围表

考点地址	焊接方法	
河北省秦皇岛市经济技术开发区（东区）动力路5号	常用焊接方法	焊条电弧焊
		手工钨极氩弧焊
		自动钨极氩弧焊
		熔化极自动气体保护焊
		熔化极半自动气体保护焊
		药芯焊丝自动电弧焊
		药芯焊丝半自动电弧焊
		埋弧焊
		带极埋弧堆焊
		带极电渣堆焊
	专项焊接种类及项目	
	Z类	奥氏体-铁素体不锈钢和镍基合金的堆焊和预堆边焊（Z1）
		热交换器或蒸汽发生器管子管板焊接（Z2）
		耐磨堆焊（Z6）

山东核电设备制造有限公司民用核安全设备焊工焊接操作工考核中心考核活动范围表

<table>
<tr><th>考点地址</th><th colspan="2">焊接方法</th></tr>
<tr><td rowspan="11">山东省海阳市凤城街道益港路9号</td><td rowspan="6">常用焊接方法</td><td>焊条电弧焊</td></tr>
<tr><td>手工钨极氩弧焊</td></tr>
<tr><td>熔化极半自动气体保护焊</td></tr>
<tr><td>熔化极自动气体保护焊</td></tr>
<tr><td>埋弧焊</td></tr>
<tr><td>螺柱焊</td></tr>
<tr><td colspan="2">专项焊接种类及项目</td></tr>
<tr><td rowspan="2">X类</td><td>双相钢焊接（SX1）</td></tr>
<tr><td>铝合金焊接</td></tr>
<tr><td>Z类</td><td>管子的承插焊（Z4）</td></tr>
</table>

东方电气（广州）重型机器有限公司民用核安全设备焊工焊接操作工考核中心考核活动范围表

<table>
<tr><th>考点地址</th><th colspan="2">焊接方法</th></tr>
<tr><td rowspan="9">广东省广州市南沙区黄阁工业园连溪大道313号</td><td rowspan="5">常用焊接方法</td><td>焊条电弧焊</td></tr>
<tr><td>手工钨极氩弧焊</td></tr>
<tr><td>自动钨极氩弧焊</td></tr>
<tr><td>埋弧焊</td></tr>
<tr><td>带极堆焊</td></tr>
<tr><td colspan="2">专项焊接种类及项目</td></tr>
<tr><td rowspan="3">Z类</td><td>奥氏体–铁素体不锈钢和镍基合金的堆焊和预堆边焊（Z1）</td></tr>
<tr><td>热交换器或蒸汽发生器管子管板焊接（Z2）</td></tr>
<tr><td>耐磨堆焊（Z6）</td></tr>
</table>